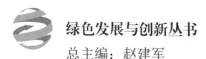

绿色发展与创新丛书

总主编：赵建军

天蓝 地绿 水净
——实现美丽中国梦

创新 发展 和谐
——传递人间正能量

本书带您走进绿色时空，
创造绿色辉煌，感悟绿色人生

如何实现

美丽中国梦

生态文明开启新时代（第二版）

赵建军◆著

知识产权出版社

全国百佳图书出版单位

图书在版编目（CIP）数据

如何实现美丽中国梦：生态文明开启新时代/赵建军著. —2 版. —北京：
知识产权出版社，2014.5
ISBN 978 - 7 - 5130 - 2911 - 7

Ⅰ.①如… Ⅱ.①赵… Ⅲ.①生态文明—建设—研究—中国 Ⅳ.①X321.2

中国版本图书馆 CIP 数据核字（2014）第 198638 号

责任编辑：雷春丽　　　　　　责任出版：刘译文
封面设计：张　冀

绿色发展与创新丛书

如何实现美丽中国梦——生态文明开启新时代（第二版）

赵建军　著

出版发行：知识产权出版社有限责任公司	网　　址：http://www.ipph.cn
社　　址：北京市海淀区马甸南村 1 号	邮　　编：100088
责编电话：010 - 82000860 转 8004	责编邮箱：leichunli@cnipr.com
发行电话：010 - 82000860 转 8101/8102	发行传真：010 - 82000893/82005070/82000270
印　　刷：天津市银博印刷技术发展有限公司	经　　销：各大网络书店、新华书店及相关专业书店
开　　本：787mm×1092mm　1/16	印　　张：14
版　　次：2014 年 5 月第二版	印　　次：2014 年 5 月第二次印刷
字　　数：266 千字	定　　价：46.00 元
印　　数：10001 册 - 20000 册	

ISBN 978 - 7 - 5130 - 2911 - 7

绿色发展与创新丛书编委会

国家社科基金重点课题
我国绿色发展的理论建构与动力机制研究（编号：11AZX002）
研究成果之一

序　一

中央党校赵建军教授送来《如何实现美丽中国梦——生态文明开启新时代》的书稿，邀请我作序。我翻阅了一遍。书稿内容主要是学习党的十八大关于生态文明战略布局和理论升华的体会和认识、作者多年来对生态文明及相关领域研究成果的综合选编两个方面。总的来看，书稿内涵丰厚、理念新颖、论述深邃、文风朴实，具有较强的思想性、针对性、知识性和可读性，是一本很有阅读、参考价值的书。

党的十八大把生态文明建设放在突出位置，并与经济建设、政治建设、文化建设、社会建设一起，构成中国特色社会主义事业"五位一体"的总体格局。十八大报告明确提出，必须树立尊重自然、顺应自然、保护自然的生态文明理念，努力建设美丽中国，实现中华民族永续发展。作者在本书中，突出强调建设生态文明、美丽中国将变为现实这一主题，从新高度、新理念、新挑战、新路径、新价值五个方面，论述了生态文明建设的历史必然性、极端重要性、任务的艰巨性，对相关理论与实践问题进行了创新性解读和诠释。这对广大读者学习领会十八大有关生态文明建设的重要论述，有启示和教育意义。

必须指出，改革开放以来，我国经济持续快速发展，取得了辉煌成就。同时，由于深受传统工业文明非理性发展观和发展模式的影响，导致了生态退化、环境恶化、资源短缺、经济社会持续发展受阻的困境。我们所有的人都是发展成果的受益者，也是环境恶化的受害者和相关责任者（当然，受益、受害和相关责任是有差别的）。修复生态、治理环境、建设生态文明和美丽中国，是全国各级各行各业和全体人民共同的目标、任务。在这个关系国计民生和亿万人民健康、福祉的重大问题上，人人都应当有强烈责任感和自觉性，尽最大努力作出应有贡献。

建设生态文明和美丽中国，是一项空前壮丽而神圣的事情，也是一项极其艰巨的世纪工程，需要破除种种困难和障碍，需要几代人坚持不懈的努力和付出，需要投入难以计数的人力、物力和智力。但是，可以相信，在马克思主义生态观和中国特色社会主义理论指导下，勤劳智慧的中国人民能够在三十几年间创造出震惊世界的经济奇迹，也一定能够创造出建设生态文明、美丽中国的伟大奇迹。届时，一个山清水秀、人与自然和谐、发展与环境双赢、人民安居乐业、蒸蒸日上、充满生机活力的美丽中国，必将展现在世人面前！

原中央政治局委员、国务院原副总理
全国人大常委会原副委员长

2013 年 4 月 23 日

序　二

党的十八大报告将生态文明建设提升到更加突出的战略地位，独立成篇并作出全面部署，使得中国特色社会主义事业总体布局从"四位一体"发展到"五位一体"。这是我们党深刻认识人类文明发展规律、准确把握我国经济社会发展新要求和人民群众新期待、推进中国特色社会主义事业全面发展作出的重大战略抉择。

生态文明建设的核心是人与自然和谐发展，经济效益、社会效益和生态效益内在统一，推动经济社会科学发展、和谐发展。这是人类文明发展的必由之路。党的十八大突出强调生态文明建设，就是科学把握人类文明发展规律，顺应和引领人类文明发展的时代潮流。

生态文明建设顺应了人民群众的迫切愿望。让人民群众过上幸福美好的生活，是党和国家各项工作的出发点和落脚点。随着生产、生活水平的提高和思想观念的进步，绿色和生态成为老百姓追求幸福生活的新期待和新要求，成为党和政府改善民生的重要内容。推进生态文明建设，就是要满足人民群众日益增长的绿色需求、生态需求，还大地以绿水青山，还百姓以绿色家园，提升人民群众的福祉。

推进生态文明建设是一项长期、宏大和复杂的系统工程，要想从理论和实践上取得突破，需要研究和探寻的问题也很多。可喜的是，国内有一批长期致力于研究生态文明建设的专家学者，不断有这方面的研究成果问世，中共中央党校赵建军教授就是其中之一。赵教授长期致力于可持续发展和生态文明研究，作为国家林业局咨询委员会委员，他提出的树立21世纪大林业观理念，对推进现代林业可持续发展、建设生态文明和美丽中国具有指导意义。

《如何实现美丽中国梦——生态文明开启新时代》一书，是赵建军教授近年来潜心研究的思想结晶。希望能够通过这本书，帮助广大读者进一步了解十八大提出的新观点、新思想，深入理解生态文明建设的意义、本质、面临的挑战以及实施路径等，推动形成建设生态文明的合力。

我相信，通过我们持之以恒的努力奋斗，一定能够实现建设美丽中国的伟大梦想！

国家林业局局长 党组书记

2013 年 4 月 25 日

序　三

　　中华文明虽然是工业文明的迟到者，但中华文明的基本精神却与生态文明的内在要求基本一致，从政治、社会制度到文化、哲学、艺术，无不闪烁着生态智慧的光芒。生态伦理思想本来就是中国传统文化的主要内涵之一，这使我们有可能率先反思并超越自文艺复兴以来就主导人类的"物化文明"，成为生态文明的率先响应者。

　　以儒释道为中心的中华文明，在几千年的发展过程中，形成了系统的生态伦理思想。中国儒家生态智慧的核心是德性，尽心知性而知天，主张"天人合一"，其本质是"主客合一"，肯定人与自然界的统一。中国道家的生态智慧是一种自然主义的空灵智慧，通过敬畏万物来完善自我生命。道家强调人要以尊重自然规律为最高准则，以崇尚自然、效法天地作为人生行为的基本皈依。强调人必须顺应自然，达到"天地与我并生，而万物与我为一"的境界。这种追求超越物欲，肯定物我之间同体相合的生态哲学，在中国传统文化中具有不可替代的作用，也与现代环境友好意识相通，与现代生态伦理学相合。中国佛教的生态智慧的核心是在爱护万物中追求解脱，它启发人们通过参悟万物的本真来完成认知，提升生命。佛家认为万物是佛性的统一，众生平等，万物皆有生存的权利。佛教正是从善待万物的立场出发，把"勿杀生"奉为"五戒"之首，生态伦理成为佛家慈悲向善的修炼内容，生态实践成为觉悟成佛的具体手段，这种在人与自然的关系上表现出的慈悲为怀的生态伦理精神，客观上为人们提供了通过利他主义来实现自身价值的通道。

　　常有人用《周易》中"自强不息"和"厚德载物"来表述中华文明精神。这与生态文明的内涵一致。中华文明精神是解决生态危机、超越工业文明、建设生态文明的文化基础。一些西方生态学家提出生态伦理应该进行"东方转向"。1988 年，75 位诺贝尔奖得主集会巴黎，会后得出的结论是："如果人类要在 21 世纪生存下去，必须回到 2500 年前去吸取孔子的智慧。"

仅有生态文明是不够的，我们还需要一种新的社会主义实践，即从工业文明基础上的社会主义，过渡到生态文明基础上的社会主义。实现社会主义生态文明是我们当下中国人的历史责任，建设美丽中国是我们中华民族不懈的奋斗目标。

赵建军教授出版的《如何实现美丽中国梦——生态文明开启新时代》这本书，以学者深邃的目光和敏锐的洞察力，为实现社会主义生态文明、美丽中国建设做了扎实的理论探索。学术界有一批像赵建军教授这样致力于研究生态文明和环境保护的学者，这对于建设美丽中国，实现中华民族永续发展来说是宝贵的智力资源。我也希望广大读者都能以各种形式积极参与到环境保护和美丽中国建设的实践中来，为实现中国的绿色崛起贡献我们每个人的力量。

国家环境保护部 副部长

2013 年 4 月 24 日

再版序　建设生态文明是实现美丽中国梦的时代要求

2013 年 3 月 17 日，第十二届全国人民代表大会第一次会议的闭幕会上，中华人民共和国主席习近平发表重要讲话。他指出："生活在我们伟大祖国和伟大时代的中国人民，共同享有人生出彩的机会，共同享有梦想成真的机会，共同享有同祖国和时代一起成长与进步的机会……""中国梦"是以习近平为总书记的新一届党中央领导集体的政治宣言，回应了社会对国家未来的期盼，道出了全国各族人民的心声，凝聚着全国各族人民的共识。

什么是中国梦？习近平总书记认为，实现中华民族伟大复兴，就是中华民族近代以来最伟大的梦想。其基本内涵是实现国家富强、民族振兴、人民幸福。我们的奋斗目标是，到 2020 年国内生产总值和城乡居民人均收入在 2010 年的基础上翻一番，全面建成小康社会；到 21 世纪中叶建成富强、民主、文明、和谐的社会主义现代化国家，实现中华民族伟大复兴的中国梦。中国梦归根结底是人民的梦，必须紧紧依靠人民来实现，必须不断为人民造福。如何实现中国梦？习近平总书记用了"三个必须"指明实现"中国梦"的路径：实现中国梦必须走中国道路；实现中国梦必须弘扬中国精神；实现中国梦必须凝聚中国力量。

坚定不移推进生态文明建设，实现美丽中国，是"中国梦"宏大诗篇的应有之义。让人民幸福是中国梦的根本之所在。那么，人民现在幸福吗？面对日益严重的水污染、食品污染、雾霾天气等，谈论"人民幸福"、"中国梦"就是奢望。必须采用生态文明的理念来实现人与自然的和谐，走出一条低碳发展、可持续发展的路子，这是实现"中国梦"的前提和保障。

坚定不移推进生态文明建设也是全面建成小康社会的迫切需要。党的十八大提出要在 2020 年，全面建成小康社会，将生态文明建设纳入现代化的重要内容，这表明党和政府对科学发展理论的深化。改革开放三十多年，是一个中国小康蓝图由远及近的过程。"楼上楼下、电灯电话"曾经是人们憧憬的美好生活，"新三件"替代"老三件"也曾是小康社会的明显标志。但是，我们也要清醒地看到，取得这些成绩的同时，却牺牲了环境，2013 年 1 月，很多城市连续多天出现严重污染天气，这些污染天气的出现与当地的地理环境、气象条件有关，与人的活动有更直接的关系。2020 年实现全面建成小康社会的目标，环境已经成为一个重要的制约因素。

　　我们每个人都是环境污染的受害者，同时也是环境污染的制造者。改变我们的环境，营造美好的家园，实现美丽"中国梦"，需要全社会达成共识，需要每位中华儿女的不懈努力。党的十八届三中全会提出了生态文明制度体系建设的伟大方略，进一步增强了广大干部群众实现美丽中国梦的信心和勇气。我真心地期望每一个有"中国梦"的人，都积极地行动起来，从我做起、从现在做起，珍惜每一滴水、节约每一度电，用自己的热情和爱心，保护每一寸土地、每一棵树木、每一条河流。推动我们伟大祖国的生态文明建设，为共圆美丽中国梦献计献策，完成这个崭新时代赋予我们的历史使命。

2014 年 4 月 26 日

目　录

第一章

新高度：最严格的制度 最严密的法治

十八大报告吹响了生态文明建设的新号角

二十分之一的篇幅前所未有

政治局发出的最强音：第六次政治局学习对生态文明建设的总体部署

最严格的制度最严密的法治：学习习近平总书记关于生态文明建设的重要论述

生态文明是人与自然和谐相处的文明形态

生态文明是中国特色社会主义文明体系的重要组成部分

1

十八大报告吹响了生态文明建设的新号角

十八大报告把生态文明建设提升到了前所未有的高度，上升到了国家战略层面。"生态文明建设"第一次作为专门的部分提出来，并将其与经济建设、政治建设、文化建设、社会建设并列，构成中国特色社会主义事业"五位一体"的总体布局。这是在中国共产党历届代表大会工作报告中的第一次。生态文明建设战略地位的提升，标志着中国共产党对中国特色社会主义事业发展规律认识的进一步深化。

一、生态文明建设战略地位提升的背景

一段时期，各地高度重视经济建设，快速做大了社会财富蛋糕，也显著提升了人民生活水平，但同时也带来一些不良后果。表现在生态层面，就是土地、水、能源等资源约束愈发趋紧，生态环境的承载力愈显脆弱。生态环境的破坏，最终损害的是人民群众的根本权益。面对发展引起的经济、社会、资源、环境等一系列问题，人们越来越清醒地意识到：让人民群众过"一手拎着钱袋子、一手提着药罐子"的日子不是真正的小康社会；污染严重、没有蓝天白云和青山绿水的城市不是幸福之城；传统经济发展方式已难以为继，走人与自然、经济与生态和谐发展的道路势在必行。

应当看到，现代化的率先实现是资本主义对人类文明的一大贡献，同时资本价值观的形成和强化也是现代文明一切问题的总根源。资本价值观追求的是利润最大化，背离了自由、平等、博爱的精髓。历次经济危机以及近期爆发的金融危机和欧洲债务危机都是资本价值观的结果。

同样，中国在改革开放进程中，深受资本价值观的影响，不仅引发了生态环境问题，也造成了社会的不和谐等一系列问题。农耕社会持续了5000年依然生命力强大，而工业社会不过300年光景就走进死胡同。解决问题需要我们反思自己的行为，我们虽然不能走回中世纪田园牧歌式的场景中，但我们需要摒弃对自然的贪婪和索取行为，需要放下人的尊贵，需要人与自然的和谐。人与自然不存在统治与被统治、征服与被征服的关系，而是相互依存、和谐共处、共同促进的关系。人类的发展应该是人与社会、人与环境、当代人与后代人的协调发展。人类的发展不仅要讲究代内公平，而且要讲究代际之间的公平，亦即不能以当代人的利益为中心，甚至为了当代人的利益而不惜牺牲后代人的利益。

把生态文明建设提升到战略高度，是顺应世界发展潮流的结果，也是解决当下中国发展中存在的一系列问题的必然选择。

二、生态文明建设战略地位提升的轨迹

在历届党代会的工作报告中，最早一次蕴含生态文明思想的是十六大报告，第一次明确提出"生态文明"这个词的是十七大报告，"生态文明建设"作为专门的部分第一次提出来的则是十八大报告。

十六大关于生态文明建设思想已有阐述。2002年，党的十六大将"可持续发展能力不断增强，生态环境得到改善，资源利用效率显著提高，促进人与自然的和谐，推动整个社会走上生产发展、生活富裕、生态良好的文明发展之路"列为全面建设小康社会的四大目标之一。生态文明的思想已经蕴含其中，但当时还没有用生态文明这个词汇。

十七大对生态文明建设有明确阐述。2007年，党的十七大提出："建设生态文明，基本形成节约能源资源和保护生态环境的产业结构、增长方式、消费模式。循环经济形成较大规模，可再生能源比重显著上升。主要污染物排放得到有效控制，生态环境质量明显改善。生态文明观念在全社会牢固树立。"将建设生态文明列为全面建设小康社会的五大目标之一。十七大不仅明确提出了生态文明这个词，而且从国家整体建设高度提出生态文明建设理念，提出在全社会树立生态文明理念。

三、十八大报告对生态文明建设的新概括

十八大报告第八部分的主题就是"大力推进生态文明建设"。关于生态文明建设有很多新概括，不仅是对以往生态文明建设的总结和提升，更是对今后一段时期生态文明建设的方向性指导。

（一）一个定性

"建设生态文明，是关系人民福祉、关乎民族未来的长远大计"。这就是说，如果生态文明搞不好，人民的幸福、民族的未来都无从谈起。建设生态文明是做好一切工作的前提，是发展中不能跨越的底线。

（二）两个愿景

"努力建设美丽中国、实现中华民族永续发展"。美丽是一个非常感性的字眼，被写进了十八大报告，建设美丽中国，这是中国共产党对人民期望过上美好生活的一个回应。没有美丽中国哪来美好生活？我们建设小康社会，不仅是丰衣足食，而且要有一个很舒适的、很优美的、天人合一的生活环境、生活家园。不仅我们要有这个美好的家园，而且我们的子孙后代也要有一个美好的家园。

（三）三大发展

"推进绿色发展、循环发展、低碳发展"。从 2010 年的第二季度开始，我国已经成为世界第二大经济体，这么大的盘子，它需要消耗大量的资源、能源作支撑。而我国的经济增长，很多还是粗放式的，还是高能耗、高排放、高污染的，严重破坏了生态。不把经济发展方式转为低碳化的、循环的、绿色的这样一种发展模式上来，不可能实现生态文明。

（四）四大任务

"优化国土空间开发格局；全面促进资源节约；加大自然生态系统和环境保护力度；加强生态文明制度建设"。其中，特别值得关注的是第四

项任务。十八大报告要求，要把资源消耗、环境损害、生态效益纳入经济社会发展评价体系，建立体现生态文明要求的目标体系、考核办法、奖惩机制。这意味着生态文明不再仅仅是一种指导观念，还将成为各级政府绩效考核的一个关键性指标，其对各级政府的实际约束会越来越强。

（五）五位一体

"落实经济建设、政治建设、文化建设、社会建设、生态文明建设五位一体总体布局"。十八大报告提出这五位一体的格局，而且特别强调要把生态文明建设融入其他四大建设。这里面所谈的虽然是五位一体，但生态文明建设是一个底线，是一个前提性、基础性的条件。我们在搞经济建设、政治建设、文化建设、社会建设时，都有一个前提，都有一个不可逾越的底线，那就是不能影响生态文明建设。比如，衡量一个新项目好不好，就要看是否触及了这个底线；衡量一届政府好不好，不能只看经济发展，还要看是否破坏了环境。

四、生态文明建设战略地位提升的启示

对生态文明建设做了新概括和全面部署，这是党的十八大报告的重大创新。推进生态文明建设，是一个庞大的系统工程，涉及生产方式和生活方式根本性变革，这对我国社会主义现代化建设提出了更新、更高的要求。

号角既已吹响，行动至关重要。人们期盼，各级党委、政府要切实转变发展观念，不断总结过去生态建设的经验教训，采取更加果敢和有力的措施，同时在考核办法、奖惩机制等方面进一步加强生态文明制度建设，确保生态文明建设不要仅停留在口号上，而要贯穿到执政理念和实践中。

延伸阅读

2012年11月11日，赵建军教授接受《贵州新闻联播》栏目采访，对"建设生态文明，打造美丽中国"谈了谈自己的看法，欢迎读者扫一扫右侧二维码观看视频。

2

二十分之一的篇幅前所未有

对于"生态文明"这个词，人们并不陌生，在十七大报告中已经明确提出建设生态文明的要求，此后，在党的十七届四中、五中全会上对生态文明建设作了进一步的战略部署，要求提高生态文明水平。在十八大报告中专门辟出一个章节，论述"大力推进生态文明建设"，这是前所未有的，而且该部分内容占据了十八大报告二十分之一的篇幅，这同样是前所未有的。这充分表明了党和国家对生态文明建设的高度重视和积极部署，是科学发展观指导下的文明建设的新概括和新升华。

一、生态文明建设的地位和根本目标

中国的发展方向是什么？应如何发展？这些问题值得每一个中国人反思，中国共产党以全球性的和平发展、全人类的伟大解放为己任，立足于中国的基本国情，放眼于未来发展，顺应时代变化，回应人民群众的呼声，把生态文明建设提高到了前所未有的地位，明确指出了生态文明建设的根本目标，为中国特色社会主义的发展指明了前进的方向。

党的十八大报告指出：建设生态文明，是关系人民福祉、关乎民族未来的长远大计。面对资源约束趋紧、环境污染严重、生态系统退化的严峻形势，必须树立尊重自然、顺应自然、保护自然的生态文明理念，把生态文明建设放在突出地位，融入经济建设、政治建设、文化建设、社会建设各方面和全过程，努力建设美丽中国，实现中华民族永续发展。

十八大报告强调建设生态文明的重要意义，把它提升到了人民幸福和民族未来的高度，这说明幸福生活是建立在生态良好、环境优美和人与自然和谐相处的基础之上的，没有良好的生态环境，人民不可能享受幸福生活。之所以形成这样的认识，把生态文明提到如此的高度，源于中国的文明之路面临资源约束趋紧、环境污染严重、生态系统退化的严峻形势，必须走出一条不同于西方工业化发达国家的道路，也不同于一些发展中国家的道路。如果缺乏对中国国情和具体实践的了解和认识，就会步入行为方向上的迷途，影响中国的现代化建设和中国特色社会主义事业的发展与进步。

建设美丽中国是生态文明建设的根本目标。"美丽"一词为人们带来了无限的想象空间，为人们勾画出一幅中国的未来蓝图，因此，人们津津乐道，心驰神往。十八大报告用天蓝、地绿、水净等词进一步界定了"美丽"的内涵。只有生态建设搞好了，天才会蓝、地才会绿、水才会净，中国才会美丽起来。既要搞好发展，又要保持和建设美好家园，这才是一个充满希望的未来，一个值得人们为之奋斗的目标。

海口市琼山区龙连村

二、生态文明建设的任务

实现美丽中国需要经历一个长期的奋斗过程，需要分步骤、分阶段来实现。每一阶段有具体的任务。从具体的任务入手，是我们迈开脚步走向成功的唯一道路。那么，生态文明建设的任务是什么？十八大报告已经指明。

（一）优化国土空间开发格局

国土是生态文明建设的空间载体，必须珍惜每一寸国土。要按照人口资源环境相均衡、经济社会生态效益相统一的原则，控制开发强度、调整空间结构，促进生产空间集约高效、生活空间宜居适度、生态空间山清水秀，给自然留下更多的修复空间，给农业留下更多的良田，给子孙后代留下天蓝、地绿、水净的美好家园。加快实施主体功能区战略，推动各地区严格按照主体功能定位发展，构建科学合理的城市化格局、农业发展格局、生态安全格局。提高海洋资源开发能力，发展海洋经济，保护海洋生态环境，坚决维护国家海洋权益，建设海洋强国。

一个国家的国土空间是有限的，空间内的各种资源同样是有限的，要想以有限的空间资源去实现人类的无限发展就必须要有合理的规划、周密的布置、精心的安排。要对不同的空间予以合理的利用。对适宜生产的空间，我们要采取集约高效的开发方式，避免造成资源的浪费，改变传统的粗放式增长方式，以高技术为依托，以低投入、低消耗、低污染为特征来实现高产出、高效益和高附加值的经济增长方式。对宜居的生活空间，要适度开发，保证人们拥有高质量的生活环境，要有公园、绿地、服务设施，要控制各种生活污染，如噪声污染、光污染、电磁辐射污染、汽车尾气污染等。对与每一个人息息相关的生态空间，要给予它们休养生息的权利，要为子孙后代留下他们生存发展所必需的空间。对于国土的每一块土地、每一片海洋都要倍加珍惜，只有做好规划、合理优化，才能为生态文明建设奠定自然基础。

（二）全面促进资源节约

节约资源是保护生态环境的根本之策。要集约利用资源，推动资源利用方式的根本转变，加强全过程节约管理，大幅降低能源、水、土地消耗强度，提高利用效率和效益。推动能源生产和消费革命，控制能源消费总量，加强节能降耗，支持节能低碳产业和新能源、可再生能源发展，确保国家能源安全。加强水源地保护和用水总量管理，推进水循环利用，建设节水型社会。严守耕地保护红线，严格土地用途管制。加强矿产资源勘查、保护、合理开发。发展循环经济，促进生产、流通、消费过程的减量化、再利用、资源化。

资源对经济社会发展具有重要的支撑和制约作用。从我国的资源现状来看，水资源严重短缺；能源供给不足，石油消费的一半以上依赖进口；重要的矿产资源后备储量不足；耕地资源长期短缺。再加上我国在资源利用方面还存在很大问题，如资源消耗大，利用率低；资源浪费严重；再生资源的资源化水平低等。我们亟须改变这种状况，缓解资源制约的瓶颈，才能达到节约资源消耗、减少污染排放、提高利用效率的目的，为生态文明建设奠定人工基础。

（三）加大自然生态系统和环境保护力度

良好的生态环境是人和社会持续发展的根本基础。要实施重大生态修复工程，增强生态产品生产能力，推进荒漠化、石漠化、水土流失综合治理，扩大森林、湖泊、湿地面积，保护生物多样性。加快水利建设，增强城乡防洪、抗旱、排涝能力。加强防灾、减灾体系建设，提高气象、地质、地震灾害防御能力。坚持预防为主、综合治理，以解决损害群众健康突出的环境问题为重点，强化水、大气、土壤等污染防治。坚持共同但有区别的责任原则、公平原则、各自能力原则，同国际社会一道积极应对全球气候变化。

保护和治理是人类增进与自然和谐关系的两类主动行为，保护可以看做事前的手段，而治理则是事后的手段，两者都相当重要，但是事前保护必然要比事后治理更重要，也更加合理和节约成本。对于已经造成的损害，必须采取一定的治理措施予以纠正，要养成以群众生命健康和生态承载力为出发点的思维模式，而不是一味地追求经济效益。

（四）加强生态文明制度建设

保护生态环境必须依靠制度。要把资源消耗、环境损害、生态效益纳入经济社会发展评价体系，建立体现生态文明要求的目标体系、考核办法、奖惩机制。建立国土空间开发保护制度，完善最严格的耕地保护制度、水资源管理制度、环境保护制度。深化资源性产品价格和税费改革，建立反映市场供求和资源稀缺程度、体现生态价值和代际补偿的资源有偿使用制度和生态补偿制度。积极开展碳排放权、排污权、水权交易试点。加强环境监管，健全生态环境保护责任追究制度和环境损害赔偿制度。加强生态文明宣传教育，增强全民节约意识、环保意识、生态意识，形成合理消费的社会风尚，营造爱护生态环境的良好风气。

制度是规范行为的重要力量，在制度监督、约束中的行为最终会变成习惯，习惯就是一种自觉的力量，制度的分量反而变轻了。在没有制度或制度存在缺陷的地方，错误、弊端和混乱总会恣意丛生。把生态作为一项评价指标纳入考核办法或奖惩机制中，将能制止很大一部分官员和地方政府"轻环保、重 GDP"的行为。实施这类保护制度、管理制度、补偿制度和追究制度，能适度规范企业和组织的"重发展、轻污染"的行为。通过教育和宣传，可以增强全民的节约意识、环保意识、生态意识，为推动生态文明建设奠定个人行为或群体行为基础。

延伸阅读

2012 年 11 月 13 日，赵建军教授接受《21 世纪经济报道》采访，以"生态文明建设有了长效机制和路线图"为主题，谈了谈自己的观点，欢迎读者扫一扫右侧二维码查看详细报道。

3

政治局发出的最强音：第六次政治局学习对生态文明建设的总体部署

2013 年 5 月 24 日，中共中央政治局就大力推进生态文明建设进行第六次集体学习。中共中央总书记习近平在主持学习时对生态文明的重要意义、如何建设生态文明、经济发展与生态环境保护的关系等问题做了重要阐释。此外，他还对国土资源的开发和保护、节约资源、实施生态修复以及依法保障生态文明建设等问题做了重要指示，向全国人民发出了环保的最强音，对中国的生态文明建设作了总体部署。

政治局的学习主要围绕以下几个方面对生态文明建设和环境保护提出了一系列新思想、新论断和新要求。

一、深刻认识生态文明建设和环境保护的重要意义

习近平总书记强调，建设生态文明，关系人民福祉，关乎民族未来。生态环境保护是功在当代、利在千秋的事业。党的十八大把生态文明建设纳入中国特色社会主义事业"五位一体"总体布局，明确提出大力推进生态文明建设，努力建设美丽中国，实现中华民族永续发展。这些论断指明了生态文明和生态保护的重要性和必要性，告诫人们要清醒地认识保护生态环境、治理环境污染的紧迫性和艰巨性，叮嘱各级政府、各部门要本着以对人民群众、子孙后代高度负责的态度和责任，真正下决心把环境污染治理好、把生态环境建设好，努力走向社会主义生态文明新时代，为人民创造良好的生产、生活环境。

二、对如何建设生态文明作出了明确的总体部署

习近平总书记强调，推进生态文明建设，必须全面贯彻落实党的十八大精神，以邓小平理论、"三个代表"重要思想、科学发展观为指导，树立尊重自然、顺应自然、保护自然的生态文明理念，坚持节约资源和保护环境的基本国策，坚持节约优先、保护优先、自然恢复为主的方针，着力树立生态观念、完善生态制度、维护生态安全、优化生态环境，形成节约资源和保护环境的空间格局、产业结构、生产方式、生活方式。这里着重抓住了理念和制度两个重要环节，为社会新风尚的确立、人们的价值取向和行为习惯的培养以及依照制度发挥约束和监督力量促使生态文明建设更快、更好发展等方面作出了总体部署，成为人们今后的行动指南，使生态文明建设有章可循、有据可依。

三、重新阐释了经济发展与环境保护的关系

习近平总书记强调，要正确处理好经济发展与生态环境保护的关系，牢固树立保护生态环境就是保护生产力、改善生态环境就是发展生产力的理念，更加自觉地推动绿色发展、循环发展、低碳发展，绝不以牺牲环境为代价去换取一时的经济增长。这是对中国经济增长方式的反思，我们不仅要转变粗放型经济增长方式以减少环境污染，而且要把治理环境污染作为促进经济增长方式转变的重要内容，以此作为推动经济发展和改善民生的根本途径。

四、明确了国土资源的开发和保护原则

习近平总书记指出，国土是生态文明建设的空间载体。要按照人口资源环境相均衡、经济社会生态效益相统一的原则，整体谋划国土空间开发，科学布局生产空间、生活空间、生态空间，给自然留下更多修复空间。要坚定不移地加快实施主体功能区战略，严格按照优化开发、重点开发、限制开发、禁止开发的主体功能定位，划定并严守生态红线，构建科学合理的城镇化推进格局、农业发展格局、生态安全格局，保障国家和区

域生态安全，提高生态服务功能。国土是一国的重要资源，只有科学开发、合理利用，才能一方面保证经济社会发展的需要，另一方面保证生态系统的自我修复和平衡。紧守生态红线是事关人类生存和发展的重大问题，来不得半点的疏忽大意和敷衍塞责。

五、要认真解决已出现的环境问题

习近平总书记指出，要实施重大生态修复工程，增强生态产品生产能力。环境保护和治理要以解决损害群众健康突出环境问题为重点，坚持预防为主、综合治理，强化水、大气、土壤等污染防治，着力推进重点流域和区域水污染防治，着力推进重点行业和重点区域大气污染治理。只有认真解决突出的环境问题，才能让老百姓看到中央的决心，才能让老百姓放心，才能赢得老百姓对生态文明建设的真心拥护与积极参与和支持。

六、完善生态文明建设的制度体系

习近平总书记强调，只有实行最严格的制度、最严密的法治，才能为生态文明建设提供可靠保障。最重要的是完善经济社会发展考核评价体系，把资源消耗、环境损害、生态效益等体现生态文明建设状况的指标纳入经济社会发展评价体系，使之成为推进生态文明建设的重要导向和约束。要建立责任追究制度，对那些不顾生态环境盲目决策、造成严重后果的人，必须追究其责任，而且应该终身追究。用制度来约束和规范政府、企业和个人的行动，形成一种强大的制约力量，更能保证生态文明建设的顺利进行。

中国的最高领导层专门对生态文明建设进行政治学习，这充分表明了党中央对生态环境保护的重视，其内容是对中国生态文明建设理论的丰富发展、深化和完善，是对中国特色社会主义事业"五位一体"总体布局的深刻阐发和全面把握，是提高中国共产党执政能力和执政水平的目标指向和现实要求，是指导生态文明建设和环境保护的思想武器与根本宗旨。全党、全国人民只有深刻理解和系统认识，才能增强节约意识、环保意识和生态意识，才能最终转变经济增长方式和树立正确的政绩观，才能营造尊重自然、顺应自然和保护自然的良好社会氛围。

4

最严格的制度最严密的法治：学习习近平总书记关于生态文明建设的重要论述*

习近平总书记在主持中共中央政治局 2013 年 5 月 24 日第六次集体学习时指出，生态环境保护是功在当代、利在千秋的事业。要清醒认识保护生态环境、治理环境污染的紧迫性和艰巨性，清醒认识加强生态文明建设的重要性和必要性，以对人民群众、对子孙后代高度负责的态度和责任，真正下决心把环境污染治理好、把生态环境建设好。习近平总书记强调，要正确处理好经济发展同生态环境保护的关系，更加自觉地推动绿色发展、循环发展、低碳发展，决不以牺牲环境为代价去换取一时的经济增长。只有实行最严格的制度、最严密的法治，才能为生态文明建设提供可靠保障。

一、强调"两个最严"切中时弊

事物发展的规律告诉我们，凡是普遍存在的问题，一定是制度的缺失或失效，要在制度建设和完善上下功夫，凡是反复出现、长期得不到解决的问题，就要从机制上找原因。传统工业化的迅猛发展在创造巨大物质财富的同时，也付出了沉重的生态环境代价，使得资源支撑不住、环境容纳不下、社会承受不起。这种代价不仅愈演愈烈，而且呈蔓延态势。这说明工业文明的体系、结构和模式都存在严重缺陷。生态文明代表了人类未来发展的方向，生态文明建设是中国共产党顺应世界发展趋势、实现中华民

---

* 本文原载光明日报 [N]. 2013 – 12 – 02 (2).

族永续发展的战略抉择。党的十七大报告首次提出生态文明建设理念，十八大报告提出加快生态文明制度建设的任务和要求，但要真正建立起来也需要一个过程。因此，生态文明建设不仅制度不完善，也没有相应的机制推进，成为"五位一体"的制度空白。习近平同志"两个最严"的提出切中时弊，就是要在制度上和机制上另辟蹊径，尽早、尽快建立并完善起来，坚决遏制生态环境持续恶化的趋势。

法治是"依法办事"的治理方式及其运行机制。生态文明法治就是要把生态文明建设纳入法治的轨道，对破坏生态环境的行为予以法律制裁。这里提出最严密的法治，既是针对过去在生态文明建设中存在的一些有法不依、执法不严、违法不究现象而言，也是相对于经济、政治、文化、社会建设而言，对破坏生态环境的违法行为实行更严厉、更果断的法律惩治。制度建设强调的是静态的规定，法治建设强调的是动态的管理，只有将生态文明制度建设和法治建设协调统一起来，才能覆盖社会运行的方方面面。生态文明建设是一项系统的、长期的社会工程，只有制定更为严格的制度、推进最严密的法治，才能在现阶段突破一切阻力，形成生态文明建设的新局面。

二、推进"两个最严"刻不容缓

（一）生态文明制度的缺失和现有的法规制度不健全

生态文明制度建设刚刚起步，涉及经济、社会、环境的方方面面，需要从国家层面组织力量进行顶层设计和部门协调。这个过程是复杂的、漫长的，与现实社会的迫切需求形成巨大反差。我国一些环境保护方面的法规是在 20 世纪 80 年代至 90 年代制定的，国家和社会层面的可持续发展理念尚未形成，多是应急立法，工具性色彩浓。如《中华人民共和国环境保护法》1989 年颁布，一些条规陈旧，已经跟不上时代的发展；又如电子、饮料等废弃物剧增，却没有制定相关回收法，只在《中华人民共和国循环经济促进法》（2009 年 1 月实施）第 15 条比较笼统地做了规定，缺乏可操作性。由于人们的环境法治意识淡薄，在环境执法过程中，执法不到位、行政权力干涉执法、环境监管不到位，导致环境侵权事件频发，出现有法不依、执法违法、守法成本高、违法成本低等一系列现象。任其下去必将严重阻碍生态文明建设的实施。

（二）先污染后治理、边污染边治理现象短时期内难以根除

我国目前处在工业化发展中期阶段，钢铁、水泥、汽车、化工、交通、建筑等高能耗、高排放产业依然是支柱产业。我国已有的法规、制度也是围绕如何实现工业化、现代化而制定的，重规模和速度、轻质量和效益的倾向突出。生态文明建设则要求加快转变发展方式，淘汰落后产能，发展低能耗、低排放、低污染的战略性新兴产业、新能源产业、高科技产业等，但这些产业大多投资量大，且工艺、流程相对复杂，风险也大。因此，尽管政府出台一系列优惠扶持政策，但传统高耗能污染企业依然缺乏减少排放的主动性和自觉性，节能减排、循环经济、低碳发展等难以成为经济发展的主流。社会也没有形成公众监督的平台和机制。"资源约束趋紧，环境破坏严重，生态系统退化"的局面已使中华民族处在新的危急关头。我们不能等到调结构、转方式完成后再来解决生态环境问题，必须通过强有力的制度和执行力来铲除生态破坏、环境危机产生的温床，形成生态文明建设的长效机制。

（三）传统发展理念导致地方领导干部热衷于片面追求经济增长

改革开放以来，一些地方领导把以经济建设为中心理解成单纯追求经济的高速增长，使得国内生产总值增长率成为衡量地方发展水平与考核干部政绩的唯一指标，这也是导致资源枯竭、环境恶化的根源之一。这种现象至今仍具有一定的普遍性，在传统发展理念的影响下，当经济发展与生态环境出现冲突时，一些领导干部还是会自觉不自觉地倾向于以发展经济为主，生态文明建设往往成为一纸空文。习近平同志多次强调，推进生态建设，既是经济发展方式的转变，又是思想观念的一场深刻变革。纠正片面追求国内生产总值增长率，关键在于转变观念和发展方式。在生态文明理念尚未树立、培育起来之前，只有通过最严格的制度和最严密的法治，才能为生态文明建设保驾护航。

三、实行"两个最严"贵在落实

（一）实行最严格的干部考核评价制度，把握生态文明建设的正确方向

习近平总书记指出，完善经济社会发展考核评价体系，把资源消耗、环境损害、生态效益等体现生态文明建设状况的指标纳入经济社会发展评价体系，使之成为推进生态文明建设的重要导向和约束，再也不能以国内生产总值增长来论英雄。根据主体功能区划完善干部考核改革，先行试点、分类指导、因地制宜，把领导干部任期生态环境目标责任制的执行情况纳入考核内容，实行重大环境责任事件"一票否决"不动摇。

（二）实行最严格的责任追究制度，保持生态文明建设的持久性

作为政府的决策部门在作出任何一项决策时，都要在生态文明意识的指导下进行，对于有损于生态环境的项目，即使带来的经济效益再大也是要坚决制止的。习近平同志指出，不以牺牲环境为代价去换取一时的经济增长，要划定并坚守生态红线，不越雷池一步。而要做到这些，习近平同志强调：对那些不顾生态环境盲目决策，造成严重后果的人，必须追究其责任，而且应该终身追究。这样才能起到警示后人的作用。

（三）实行最严格的环境损害赔偿制度，减少对环境的污染和破坏

对于污染破坏环境的任何企业或个人，处以巨额环境损害赔偿罚款，让违法者付出沉痛的代价，使其不能为之、不敢为之，胆敢为之必遭重罚。要着力解决环保责任不落实、守法成本高、违法成本低等问题，制定严格的环境损害赔偿制度实施办法，完善"环境公益诉讼"制度，把间接财产损害和环境健康损害等因素考虑进去，具有可操作性和威慑力。

（四）建立最严密的环境执法体制，严格执行相关法律

制度再好，法规再严，如果没有严格的执法体制，高素质的执法队伍如同摆设。在实际工作中，执法部门面对排污企业和单位，常常是只做经济处罚，很少追究其刑事责任。为此，要健全环境执法体制，配齐执法人员，配足经费。对于地方政府干预执法部门的行为、执法部门执法违法的行为、玩忽职守或不作为的行为，都要严格追究办事人的责任及责任单位的领导责任，视其情节，给予处分、撤职，甚至刑事处罚。

"两个最严"既是生态文明建设的宣言书，也是指导我们沿着生态文明建设的正确方向前进的指南针。我们只要持之以恒地贯彻落实"两个最严"，就一定能实现美丽中国梦，走向生态文明建设新时代。

延伸阅读

2013年11月28日，赵建军教授接受《中国环境报》采访，对"生态文明体制改革重点何在"谈了谈自己的观点，欢迎读者扫一扫右侧二维码查看详细报道。

5

生态文明是人与自然和谐相处的文明形态[*]

生态文明的概念自 20 世纪 90 年代初提出以来，人们对这一概念的理论内涵进行了广泛探讨，形成了不同的理论认识。而对生态文明概念的不同理解，则直接影响着对生态文明的本质、观念体系及其研究意义的认识。

一、生态文明的内涵和本质

生态文明作为人类文明进化的更高形态，是我们人类尚未达到的一种理想的社会境界。

（一）生态文明的内涵

生态文明是以人与自然、人与人、人与社会和谐共生、良性循环、全面发展、持续繁荣为基本宗旨的社会形态。^① 生态文明是人类社会继原始文明、农业文明、工业文明后的新型文明形态；是以社会生产力的发展为标志的文明进步状态。在这个概念中，生态文明的独特之处是强调了自然的权利，重新定位了人与自然的关系，并且扭转了人类发展的模式。尽管对生态文明的理解有着不同的角度，但可以发现，对生态文明的探讨已经从最初的经验感知不断地向理论构建和规范表述的方向发展，理论视野的

---

* 本文部分内容原载深圳大学学报：人文社会科学版 [J]. 2008（5）. 原名为：生态文明的理论品质及其实践方式。

① 姜春云. 跨入生态文明新时代 [N]. 光明日报，2008 – 07 – 17（7）.

不断扩大把人与自然的关系同人与人的关系结合到一起，对生态文明的理解也达成一系列的共识。

1. 生态文明是对人类日益严重的生态危机的理论思考和实践反思

生态文明是当人类经过工业化陷入全球性的生态危机后，对人与自然关系的重新反思和定位，是人类摆脱困境，进行探索性文明建设的活动。它以解决人与自然之间的矛盾，实现人与自然以及人与人之间的和谐为核心；以实现社会的可持续发展作为目标；以生产方式和生活方式的生态化改造作为手段，同时配套相应的社会调控制度；以人的思维观念和思维方式的生态化转变作为精神动力和智力支持。

2. 生态文明是一种多元的复合概念

生态文明包含丰富的内容，既有物质性的内容，也有精神性、制度性的内容。物质方面的内容主要是人在生产劳动的过程中要实现人与自然的和谐发展。社会的经济运行方式和人类的生活方式要相应地进行生态化的转变，提倡生态技术、循环经济、低碳技术、节约消费等。精神方面的内容则要求生态文明建设要蕴含相应的生态文化建设的成果，要把生态自然观、生态价值论、生态伦理和道德提升到一个新的高度。制度方面的内容则是要求把经济、政治、法律、人口等相关的社会因素结合起来，用来调控人与自然和人与社会的关系，形成整体上的生态社会运行机制。

（二）生态文明的本质

生态文明是对现有文明形态的一种超越和否定，它对人在文明发展中所占据的中心地位提出质疑，更多地强调人与自然、人与社会、人与人之间的和谐发展。生态文明的深层含义也不仅仅是从人类自身出发、从满足人类的需要出发，它同时强调人类自身的自然本性以及人性的回归和升华，从而达到一种真正的人的全面发展和自由发展。其本质包括以下几个方面。

1. 生态文明是自然物质本性的真实表达

客观世界是物质的，自然界作为客观世界的重要组成部分也是由物质构成的，无论是宇宙，还是自然界，无论是已知的，还是未知的，人类只有坚持"物质第一性"的唯物观，才有可能正确地认识和理解自然和宇宙。人类社会、自然是一个相互联系的整体，任何一方发生变化必然引起另一方发生变化，变化可以朝着好的或坏的两个不同方向发展，人类为了自身的生存就应该尽量避免这种变化朝着坏的方向发展。尽管人类与自然之间的相互关系存在"矛盾"、"斗争"的一面，但是这些矛盾和斗争并不是一种你死我活的、不可调和的尖锐对立。生态文明的出现恰恰表现了自然与人类社会的整体性与和谐性的一面，同时它把自然和社会的物质性充分地表达在自身的文明追求中，它追求的不是一种空洞的、口号式的和谐，而是有物质内容的整体和谐，这也是人类社会发展到一定程度对自身错误的纠偏，对自身过度自大的反省，因为人类已经认识到：如果沿着以往的道路走下去，最终的结果必然是自然的灭亡。为了避免最坏结果的产生，人类希望通过生态文明重新走上与自然和谐相处的道路，通过与自然合理的物质交换推动人类的进步和发展。

2. 生态文明是自然规律的时代展现

自然的存在要远比人类的出现久远，自然界一直有其自身运行的规律，这种规律具有不以人的意志为转移的客观性，它不能为人所改变、创造或消灭。在人类发展的历史中，人的实践活动都是在自然之内进行的，人类对自然规律的认识经过了一个由浅入深、由表及里、由现象到本质的过程。在古代，由于人类知识的缺乏、工具手段的落后，对自然的影响被限制在很小的范围，人类对自然规律的认识相对肤浅，仅仅凭借着简单趋利避害的思维方式而生活。随着近代人的主体意识的觉醒以及科学技术的发展，人类以为已经完全掌握自然规律，并且认为能够驾驭自然规律，甚至开始梦想制定符合人类生存的自然规律，这本身就是一种违反自然规律的表现。认识自然和利用自然的前提是尊重自然，只有把自然规律与人的主观能动性结合起来，才能为人类赢得生存的空间和发展的源泉。

生态文明的出现是历史发展到今天自然规律的反作用迫使人们不得不直面这个问题，长期累积的负面效应在现代的密集爆发，使人类开始觉醒。如果继续选择无视它的反作用，吃亏的只会是人类。人类作为宇宙中渺小的一员不可能阻挡自然运转的规律，如果以为凭借自己的力量就能抗衡自然规律，那结果必然是头破血流，甚至种族的灭绝。生态文明在现阶段的出现是有其必然性的，同时也是有价值和有意义的。

3. 生态文明是社会主义本质的固有属性 *

社会主义的最高目标是实现人的全面的、自由的发展，社会主义是人的自然属性与社会属性相统一的社会形态。马克思认为，人的解放只能建立在对自然规律的认识基础上，通过调整人的社会属性与自然相适应才能得以实现。人与自然的和谐是人与社会、人与人关系和谐的前提和基础，这始终是社会主义制度所强调、坚持和追求的。生态文明同样追求人与自然、人与社会、人与人本身的和谐关系，两者的追求目标是相同的，两者对自然规律重要作用的认识是一致的，两者要求实现全人类的联合同样是相同的。生态文明不是某一个国家的问题，需要全世界人类在取得共识的基础上联合起来共同去创造，同样，社会主义要解放的不是一国的国民，而是全人类。社会主义对未来的社会设想无论是从生产、消费等经济活动方面，还是从社会权利、正义等政治活动方面都与生态文明的内在目标相一致，同时，它们所依靠的力量都是最大多数的人民，只有人民自己才能解决他们所面对的一切困难。因此，在一定意义上，生态文明就是社会主义的固有属性，是社会主义形态转变的最新成果，是人类社会发展到一定阶段的必然选择。

二、生态文明的特征和结构

（一）生态文明的特征

1. 在文化价值观上

生态文明的基本价值理念是生态平等。这种平等包括人与自然的平等、人与人之间的平等、当代人与后代人的平等。它要求实现人与自然关系的平衡，自然被赋予道德地位；树立符合自然生态原则的价值需求、价值规范和价值目标。生态文化、生态意识成为大众文化意识，生态道德成为普遍道德并具有广泛的社会影响力。

2. 在生产方式上

生态文明的生产方式追求的不再是单纯的经济增长，而是经济社会与

＊ 潘岳. 生态社会主义是对社会主义本质的重大发现［DB/OL］. 中国新闻网，2006 - 09 - 16［2011 - 10 - 13］. http：//news. sina. com. cn/0/2006 - 09 - 16/1349100339265. shtml.

环境的协调发展；GDP 不再是衡量社会进步的主要标志，而是经济、社会、生态的综合效益。转变高生产、高消费、高污染的工业化生产方式，以生态技术为基础实现社会物质生产的生态化，使生态产业在产业结构中居于主导地位，成为经济增长的主要源泉。运用生态技术和生态工艺，改造传统产业，形成生态化的产业体系，使人类生产劳动具有净化环境、节约和综合利用自然资源的新机制，使人类社会系统与自然生态系统沿着相互协调的方向进化。

3. 在生活方式上

生态文明的生活方式倡导生活的质量而不是简单需求的满足，倡导绿色消费、适度消费，反对过度消费、杜绝奢侈消费，是一种既满足自身需要又不损害自然生态的生活方式。人类个体的生活既不能损害群体生存的自然环境，也不应损害其他物种的繁衍生存。生态文明社会，形成的社会消费结构既是合理的，也是简约的，使绿色消费成为人类生活的新目标、新时尚，从而使人过上真正的符合人类本性及社会道德的生活。

4. 在社会结构上

生态文明的社会结构努力实现更为高度的民主，强调社会正义并保障多样性。表现为将生态化渗入社会结构，在社会政策上，考虑如何组织好经济，以便协调人类与自然之间的关系；在制定决策上，请专家对有重大影响的发展战略决策进行生态效益评估，以期维护人类活动对自然的最小损害并及时进行生态修复和生态建设。

（二）生态文明的结构

生态文明是一个多层次复合型的系统结构，其内涵丰富、意蕴深刻，是一个综合性的概念。从结构层次上可以划分为内部结构和表层结构，两者相互影响，共同促进了生态文明的不断发展。

1. 生态文明的内部结构

生态文明包括生态观念、生态道德、生态文化三个方面。

生态观念是生态文明的精神支柱，是人类对人与自然关系的理性思考的精华，是人与自然关系定位的方向盘。生态观念主要由生态忧患意识、生态责任意识和生态科学意识组成。生态忧患意识是人类对人与自然之间的关系的一种精神自觉。人类的忧患意识自古以来就存在于人类文明的发展历程中，从占卜到天文观测，无不渗透着对危机的预见和防范意识。生态忧患意识是指在人类发展的过程中，对人类活动可能造成的生态环境危害保持着危机感、紧迫感，通过不断的理性反思和经验总结，对人与自然关系的肯定中发现到潜伏的生态危机。正如恩格斯所说："我们不要过分陶醉于我们对自然界的胜利，对于每一次这样的胜利，自然界都报复了我们。"①

生态责任意识是指人类在改造自然时需要一种强烈的责任感和能动性。人与自然除了存在物质（功利）关联，还存在精神关联，包括审美、文化等价值关联以及伦理关联。所以，不能单纯从功利主义出发，应该把维护自然界的生存、生长以及人类的生存、生长看做人类的重要责任。人与自然是休戚与共、息息相关的；而且，自然界不只创造了人类，更创造了万物生灵。因此，自然界不只属于人类，更属于包括人类在内的全部生灵。

生态科学意识则指科学要有生态的眼光，用生态的科学手段去处理人与自然之间的关系，通过科学技术来缓解人与自然的紧张关系。

道德是一种社会意识形态，是人们共同生活及其行为的准则与规范，从以往的道德所承担的责任看，道德不对事物负责，而只对人承担责任，以不伤害他人为准则。而生态道德是指把这种调整人与人、人与社会之间的行为规范扩大到人与自然之间的生态领域，通过道德规范来调整人和自然之间的关系。当代西方著名的伦理学家麦金太尔认为，伦理的生活方式对我们仍然具有权威。② 伦理的生活模式意味着义务的承担，在当今这个生态危机日益严重的社会，需要我们全人类共同承担起这种责任。生态道德建设就是运用道德的力量，从内心规范人类的行为模式，通过道德感召把生态文明建设深入每一个人的日常行为之中。

文化对人类的影响是根深蒂固的，置身于某种文化中的人将无时无刻不受到文化的影响。文化是每个人生活、生存的方式方法与准则。因此，把生态价值植入文化当中，则产生了新的社会存在方式。生态文化是社会

---

① 恩格斯. 自然辩证法 [M]. 北京：人民出版社，1971：57.

② 麦金太尔. 追寻美德 [M]. 宋继杰，译. 北京：译林出版社，2006：54.

不断沉淀的结果，是生态意识和生态道德的结晶，是生态文明建设的最主要的成果。

2. 生态文明的表层结构

生态文明的表层结构包括生态物质文明、生态行为文明和生态制度文明三个方面。

生态物质文明是指在人们的物质生产和生活当中体现出来的生态文明的成果。比如，生态产业、生态技术和生态工具等，随着人们的物质文化水平的发展，近几年来生态文明的成果已经深入人们日常生活的各个角落，从"绿色食品"的兴起到"低碳技术"的创新，生态消费和生态生产已经被大众所接受。

生态行为文明是在社会行为中贯穿着生态文明行为。生态文明的主体是在现实生活中的政府、企业、各类组织和公民等。由于人的行为受到文明的深层结构的各种因素的影响，因此不同文明状态下的人的行为是不同的，同样是在生态文明下，由于不同行为主体的利益取向不同，各主体间也会产生各种各样的矛盾。生态行为文明就是通过典型示范、逐步推进、思想教育等方式对社会行为进行规范，协调好各个主体的关系，为生态文明建设提供坚实的保证。

生态制度文明是指以生态环境的保护和建设为中心，调整人与生态环境关系的制度规范的文明。生态制度是生态文明建设必不可少的制度支持，是生态文明建设环节中对生态环境保护制度进行改进的积极成果。生态制度文明要求制定完善的、促进生态文明的制度。同时在制定制度的基础上，让人们熟悉生态环境保护制度，执行相应的制度规范，主动同生态环境违法行为作斗争。提高广大群众的生态伦理道德水平，以此促进生态环境保护和建设取得明显的成效。[①]

（三）生态文明思想的理论支撑

1. 马克思哲学关于生态文明的论述

马克思、恩格斯前瞻性地认识到人与自然的关系并且崭露出生态文明理念的端倪。马克思、恩格斯的生态文明观念不仅强调自然的优先地位，

---

① 姬振海.生态文明论［M］.北京：人民出版社，2007：182～183.

更强调人类社会与自然界的辩证关系。他们认为，自然界是人类生存与发展的基础，正如马克思所说，"人直接地是自然存在物，是受动的、受约束和受限制的存在物"①，自然环境是人类实践活动的对象，人通过劳动改造和美化自然，建立人与自然相互协调的关系是人类生存与发展的重要保障。人类与自然环境的关系和人类与社会环境的关系的统一是人与自然辩证关系的重要内容，"人类对自然界的特定关系，是受社会形态制约的，反过来也一样"②。同时，马克思和恩格斯指出，"自然界，就它本身不是人的身体而言，是人的无机的身体。人靠自然界生活，这就是说，自然界是人为了不致死亡而必须与之不断交往的人的身体"③，这其中渗透着人和自然相互依存的可持续发展的理念。马克思认为，在改造自然的认识活动中，存在人与自然的认识与被认识的关系。人在改造自然的实践活动中要探索自然的本质和规律，同时由于认识活动的能动性，人在认识自然的过程中还会在思维中实现"自然的人化"④。马克思、恩格斯强调，我们在认识自然的过程中要做到利用主观和客观两个尺度。如果只从主体尺度出发而忽略了客观尺度，就会形成人类中心主义，形成资本主义式的掠夺性的开发，必然会引起生态环境的恶化。在改造自然的过程中，马克思、恩格斯的生态文明观是人、社会和自然三种价值的有机统一体。自然价值是自然物本身的价值，它的价值主体是人的价值。马克思、恩格斯的生态文明观不仅强调自然物的价值，更强调创造此种价值的人的本身和社会关系。

2. 生态学马克思主义关于生态文明的观点

生态学马克思主义萌发于 20 世纪 60 年代末 70 年代初，最终形成于 20 世纪 80 年代中期。其产生的标志是《自然的控制》、《满足的极限》、《论幸福和被毁灭的生活》、《西方马克思主义概论》等著作的面世。⑤ 生态学马克思主义在解读马克思、恩格斯生态观和资本主义生产方式理论时，没有拘泥于马克思、恩格斯原有的结论，而是根据已经变化了的情

---

① 马克思恩格斯选集：第 42 卷［M］. 北京：人民出版社，1979：167.
② 马克思恩格斯选集：第 1 卷［M］. 北京：人民出版社，1972：35.
③ 马克思恩格斯选集：第 42 卷［M］. 北京：人民出版社，1972：95.
④ 马克思恩格斯选集：第 42 卷［M］. 北京：人民出版社，1972：120.
⑤ 王凤才. 追寻马克思：走进西方马克思主义［M］. 济南：山东大学出版社，2003：78.

况，对有着全球背景的生态问题作了趋向社会主义的思考。莱易斯认为，资本主义倡导的生产和消费模式虽延缓了经济危机但却加剧了生态危机。拉比卡认为，发达国家对不发达国家的掠夺和剥削是造成不发达国家和地区生态环境恶化的根本原因。佩珀认为，生态危机的原因不在于生产力和人的需求的增长，而在于资本主义获利本性。① 福斯特认为，生态危机与技术的资本主义使用方式有关，技术的资本主义使用方式使得环境持续性地恶化。奥康纳认为，不应将生态危机归结为信息、网络、基因等高新技术发明和普遍采用，而应看做无节制地生产、消费带来的恶果。正是无节制地生产和消费导致生态环境的严重破坏。② 生态学马克思主义者认为生态文明社会是人与自然高度统一的社会。在这个社会，人不是以统治者、掠夺者、支配者的身份与自然环境共处，而是以朋友、伙伴的角色与自然环境共存；未来社会是以生态经济为发展模式的社会。

3. 环境伦理学中的生态文明论述

美国的环境史学家纳什概括环境伦理学时说："从思想史的角度来看，环境伦理学是革命性的；在人类思想的进程中，它无疑是对道德的最具戏剧性的扩展。"③ 环境伦理学的主要观点就是不满足于仅仅从人的利益出发来确立人保护自然的伦理根据，而认为应该把道德共同体的范围扩展到非人自然物，只有赋予动物、植物以及生态系等非人自然物以权利，才能从根本上限制人对自然的破坏。跟传统伦理学相比，这样一种赋予大自然以权利的思路显然是颠覆性的。环境伦理学认为，生态文明社会中的伦理学不仅要关注人与人之间的关系，还应当关注人与环境或人与自然之间的关系。生态文明的社会使人类超越那种把自然当做资源使用的观念，自然作为创造万物的系统，拥有独立于人类利益的内在价值和人类必须予以履行的义务。自然价值的含义远非单纯的人类需要和利益的满足，还包括一切生物的需要和利益的满足，以及对自然系统整体的完善和健全。生态文明社会里伦理思维的范式发生了改变，此前被人类中心论当做只有人类才

---

① 威廉·莱易斯. 自然的控制 [M]. 岳长龄，李建华，译. 重庆：重庆出版社，1996：123.

② 詹姆斯·奥康纳. 自然的理由：生态学马克思主义研究 [M]. 南京：南京大学出版社，2003：76.

③ R. F. 纳什. 大自然的权利 [M]. 青岛：青岛出版社，1999：6.

能拥有的价值、权利，同样也分配给包括生物在内的非人类存在物，把人对生命和自然界的道德作为伦理学知识的一部分，从哲学层面阐明了人对大自然的基本态度和义务，从而使人类社会实现了一次全面的提升。

三、生态文明的历史进步性

生态文明与以往的农业文明、工业文明不同，它在改造自然、创造物质财富的同时，遵循的是可持续发展原则，它要求人们树立经济、社会与生态环境协调发展的新的发展观。"它以人与自然、人与人、人与社会和谐共生、良性循环、全面发展、持续繁荣为基本宗旨；强调在产业发展、经济增长、改变消费模式的进程中，尽最大可能积极主动地节约能源资源和保护生态环境"①。

（一）从"征服自然"向"人与自然和谐相处"的观念转变

传统的工业文明的自然观认为，人不是自然界的一部分，人只有通过征服和控制自然才能确认自己的存在，这种二元论从根本上割裂了人与自然的价值联系，使得工业文明的发展充斥着对自然的破坏和掠夺，使人类的生存环境遭到不可挽回的伤害。而生态文明的自然观则是把人作为自然界的一个要素放到自然界中来理解，人虽然是价值的中心但不是自然界的主人，人们要改变同自然界的控制与被控制的关系，建立新的和谐相处的关系。生态文明从文明重建的高度，重新定位了人在大自然中的地位，重新树立了人的"物种"形象，把关心其他物种的命运视为人的一项道德使命，把人与自然的协调发展、和谐相处视为人的一种内在精神需要和文明的一种新的存在方式。

（二）从粗放型的生产方式向可持续的发展模式的转变

工业文明建立的过度消耗资源、破坏环境为代价的增长模式是一个从原料到产品再到废弃物的生产过程，这一个过程是一个非循环的生产。生

---

① 专家解读中共十七大报告新思想、新观点、新举措［N］. 解放军报，2007 – 10 – 25.

活方式上则过分追求物质享受，以高消费为主要特征，认为只要有更多的消费资源就会拉动经济的发展。生态文明把经济运行控制在生态系统的承载范围之内，在生态环境可以承受的范围内发展经济。以生态和谐为目标致力于构造一个以环境资源承载力为基础、以科技进步为动力、以自然规律为准则、以可持续社会经济文化政策为手段的环境友好型社会。

（三）从把发展简单等同于物质增长的观念向人的全面发展的转变

工业文明的发展观片面地追求经济增长的速度，衡量社会发展的标准只有 GDP，使得经济增长以环境恶化、资源枯竭为代价，资源和环境的危机反过来又制约了经济的发展和人们的生活水平。生态文明是一种发展观的彻底转变，通过科学发展观为指引，强调社会的全面发展，不再单纯地追求国内生产总值的增长，要通过技术革新提高经济增长的质量。生态文明的经济发展要求在优化结构、节约资源的基础上，依靠技术创新，实现速度、质量、效益和人口、资源、环境的协调发展，真正做到又好、又快地发展。生态文明的价值取向是以人为本，要把经济发展同人的全面进步统一起来。在生产、生活方式上，把促进经济社会发展与促进人的全面发展统一起来。坚持发展是为了人民，发展依靠人民，发展成果由人民共享。从人民的根本利益出发，既着眼眼前利益，又注重未来利益；既着眼满足人民群众的需要和促进人的素质的提高，又注重人与自然的和谐。

6

生态文明是中国特色社会主义文明体系的重要组成部分[*]

　　党的十八大明确提出将生态文明建设与经济建设、政治建设、文化建设和社会建设并列，使中国特色社会主义事业的总体布局由"四位一体"拓展为"五位一体"，丰富了中国特色社会主义的科学内涵。这是中国特色社会主义文明体系的一个伟大进步，是对中国现代化理论体系的丰富和完善。

一、中国特色社会主义文明体系的历史演进

　　马克思、恩格斯曾经说过，一切划时代的体系的真正内容都是由于产生这些体系的那个时期的需要而形成的。所有这些体系都是以本国过去的整个发展为基础的。[①] 中国特色社会主义文明体系之所以产生，同样是由于其适应中国社会发展的需要，是有其历史渊源和现实依据的。它是在改革开放和社会主义现代化建设的基础上形成的，具有推动中国特色社会主义和中华民族伟大复兴的重要意义，是人类社会文明的重要成果。

　　十一届三中全会后，在总结了社会主义建设的经验教训的基础上，以邓小平为首的党的第二代领导集体提出了一手抓物质文明，一手抓精神文明的两手抓、两手都要硬的战略方针，指出抓好两个文明，才能建设成真

　　＊　本文部分内容原载深圳大学学报：人文社会科学版［J］. 2008（5）. 原名为：生态文明的理论品质及其实践方式。

　　①　马克思恩格斯全集：第 3 卷［M］. 北京：人民出版社，1960：544.

正的有中国特色的社会主义。邓小平指出："我们的国家已经进入社会主义现代化建设的新时期……我们要在建设高度物质文明的同时，提高全民族的科学文化水平，发展高尚的丰富多彩的文化生活，建设高度的社会主义精神文明。"① 在这个中心思想的指导下，从党的十二大到十二届六中全会，党的领导核心对物质文明和精神文明的相互关系进行了论述，把两个文明的建设与中国特色社会主义结合在一起，初步建立了中国特色社会主义文明体系。

以江泽民为核心的党的第三代领导集体在此基础上，创造性地提出了要建设高度的社会主义政治文明。江泽民同志在全国宣传部长会议上，第一次提出了政治文明的概念。在 2002 年的 "5·31" 讲话中，江泽民指出："发展社会主义民主政治，建设社会主义政治文明，是社会主义现代化的重要目标。"② 正式提出 "社会主义政治文明" 的科学概念。党的十六大把 "发展社会主义政治文明" 作为我国全面建设小康社会的重要战略目标。党的第三代领导核心的 "三个文明" 协调发展的理论，更进一步地拓展了中国特色社会主义文明体系的内容，中国特色社会主义文明建设进入了新的阶段。

十六大以来，特别是进入 21 世纪，错综复杂的国际形势，传统危机和新的经济、文化、社会危机交织在一起，中国面临着更为纷繁复杂的局势。党的十六届六中全会在正确把握国内外现状的基础上提出了要提高全民族的思想道德素质、科学文化素质和健康素质，形成良好的道德风尚、和谐的人际关系；显著提高我国资源利用效率，使我国的生态环境明显好转。这就把生态问题作为一个重要议题提上了日程。2007 年 10 月，党的十七大召开，在十七大报告中，胡锦涛同志指出，建设生态文明，基本形成节约能源资源和保护生态环境的产业结构、增长方式、消费模式。③ 这也是中国共产党首次把 "生态文明" 写入党的政治报告，从而确立了以物质文明、精神文明、政治文明、社会文明和生态文明 "五个文明" 为

① 邓小平文选：第 2 卷 ［M］. 北京：人民出版社，1993：208.

② 中共中央文献研究室. 江泽民论有中国特色社会主义：专题摘编 ［M］. 北京：中央文献出版社，2002.

③ 胡锦涛. 高举中国特色社会主义伟大旗帜，为夺取全面建设小康社会新胜利而奋斗 ［DB/OL］. 2007 – 10 – 26 ［2007 – 11 – 05］. http：llnews. sina. com. cn/c/2007 – 10 – 26/102412 791115s. shtml.

格局的中国特色社会主义文明体系。

2012 年 11 月 8 日，党的十八大召开，在十八大报告中，胡锦涛同志指出，必须更加自觉地把全面协调可持续发展作为深入贯彻落实科学发展观的基本要求，全面落实经济建设、政治建设、文化建设、社会建设、生态建设五位一体总体布局，促进现代化建设各方面相协调，促进生产关系与生产力、上层建筑与经济基础相协调，不断开拓生产发展、生活富裕、生态良好的文明发展道路。建设生态文明，是关系人民福祉、关乎民族未来的长远大计。① 这是党在建设中国特色社会主义的实践中认识不断深化的结果，对于开创中国特色社会主义新局面具有重大意义，对全面建成小康社会提供了有力支撑。

通过社会主义文明体系的历史回顾，我们可以看到，社会主义文明体系包括物质文明、政治文明、精神文明、社会文明和生态文明，它们共同组成了社会主义建设的价值目标。五大文明是一个协调统一的整体，它们之间相互依赖、相互促进、相辅相成，共同构成了社会全面进步的动力之源。

物质文明是社会主义文明体系的基础，它为精神文明、政治文明、社会文明和生态文明提供物质基础，是我国经济生产方面取得巨大成就的体现；精神文明是灵魂，为其他文明提供价值导向和智力支持；政治文明是保障，它为社会主义文明体系提供制度和政治的支撑和保护；生态文明是社会主义文明体系的前提，只有拥有良好的生态环境，人民才能享受物质文明、精神文明、政治文明和社会文明的成果；社会文明是中国特色社会主义文明体系的归宿，它为物质文明、精神文明、政治文明和生态文明建设提供社会条件。五大文明建设具有高度内在一致性，那就是最终带来社会文明的发展和进步。总之，中国特色社会主义文明体系就是以马克思主义的辩证唯物主义和历史唯物主义为哲学基础，围绕建设中国特色社会主义这个中心主题，由回答和解决文明建设的一系列重大课题、基本理论和范畴所构成的、丰富严密的科学理论体系。②

---

① 胡锦涛. 坚定不移沿着中国特色社会主义道路前进，为全面建成小康社会而奋斗 [M]. 北京：人民出版社，2012：48.

② 陈德钦. 论中国特色社会主义文明体系的建构 [J]. 学术论坛，2009（5）.

二、生态文明在中国特色社会主义文明体系中的地位和作用

社会主义生态文明是社会主义文明体系的前提，是建设社会主义和谐社会的价值体现。和谐社会应是人、社会、自然三者的统一，也是政治、物质、精神和生态的和谐发展。没有生态文明，就不能保障应有的生态安全。因此，可以说构建和谐社会不仅是对物质文明建设、政治文明建设、精神文明建设和社会文明建设的更高要求，也是对生态文明的呼唤。构建和谐社会必须加强生态文明建设，只有五个文明一起抓，才能推进社会主义和谐社会建设的进程。现代文明发展结构理论要求把生态环境作为社会结构理论的重要组成部分，因为优良的地球生态环境是人类文明发展与繁荣的基础与前提。①

阔秀大龙湾

① 李良美. 生态文明的科学内涵及其理论意义［J］. 毛泽东邓小平理论研究，2005（2）.

（一）生态文明是社会主义物质文明健康发展的前提和必然选择

社会主义物质文明的发展必须同生态文明的进化规律相呼应，否则，如果违背自然规律、破坏自然生产力，就会给人类生存环境造成危害，阻碍我国物质文明的发展。在全面建立社会主义文明体系的过程中，要实现我国物质文明的极大发展，就必须从国情出发，树立保护生态环境就是保护生产力、改善生态环境就是发展生产力的发展观，以生态发展为基础、以经济发展为条件、以社会发展为目的，在协调经济与生态的相互关系中积聚内部力量，谋求全面进步。

（二）生态文明是社会主义精神文明建设的必要内容和有效载体

我国社会主义生态文明是在继承我国古代的天人合一的思想，并结合马克思关于生态环境的论述基础上产生的，它进一步丰富了我国精神文明建设的内容。生态文明是对人与生态环境不协调的农业文明和工业文明的超越，是对人的自我精神的重新认识和升华，是人类道德的重大完善和进步，也是人类处理环境生态问题的新视角、新思路，是对社会主义精神文明的最新丰富，体现了我国社会主义精神文明建设的与时俱进。因此，应该用生态文明来促进精神文明，用精神文明来推动生态文明。

（三）生态文明是社会主义政治文明日益完善的体现和艰巨任务

政治文明是一个社会制度完善与良治的基本标志。传统的政治模式已经不能适应社会发展的需要，要对当今社会中多元主体和多元利益格局作出适时的回应，就必须建立新型的民主治理形式。生态文明的出现既为政治文明提供了可以借鉴的治理模式，也对政治文明建设提出了更高的要求。生态文明的多元主体参与性和良性互动性是政治文明必须加以关注的重要方面，同时，在发挥国家、政府的主导作用之外，要突出协商、民主的重要作用，以有效推进我国的政治文明建设。生态文明作为农业文明和工业文明的承接与发展，是人类社会可持续发展的新要求，是全面建设小康社会的应有之义，也是其关键一环，直接关系到小康社会建设的成败。

（四）生态文明是社会主义社会文明的重要抓手

生态文明关乎社会主义的政治合法性，这也是社会主义社会文明的集中体现。如果把社会主义社会的本质内涵与"生态文明"统一起来，那么现实的社会主义将获得双重合法性，从肯定意义上看，社会主义制度在历史合法性上获得了从人类文明演化意义上的进一步的论证，社会主义制度是适合生态文明的崭新的社会形态；从否定意义上来看，社会主义将站稳生态文明的立场，通过揭露生态危机的资本主义制度根源以及资本主义制度与生态系统的不可调和性，从反面强化了作为资本主义对立面的社会主义制度的优越性和合法性。①

三、生态文明的实践价值和创新价值

当今时代的一个显著特点是，近代工业文明的发展已经造成了资源危机、生态环境危机以及人类生存危机，用一种新的文明取代工业文明，已经成为大势所趋。这种新的文明就是生态文明，它对人类的生存、延续和发展具有重要的意义，我们所要进入的新时代就是生态文明的时代，也只有进入生态文明的时代才能把人类从生存困境中解脱出来。生态文明理论是文明变革的必然，具有鲜明的时代和创新价值。

（一）生态文明理论是中国共产党对人类文明发展理论的丰富和完善

建设生态文明已经成为一种国际化潮流。生态文明的提出，顺应了时代发展的要求，这是中国共产党的重大理论创新成果，是对人类文明发展理论的丰富和完善，是对人与自然和谐发展理论的提升。

改革开放三十多年来，我国经济高速增长，虽然创造了巨大的物质财

---

① 傅晓华. 论可持续发展系统的演化：从原始文明到生态文明的系统学思考［J］. 系统辩证学学报，2007（3）.

富，已经成为世界第二大经济体，但靠的是高消耗、高污染，以付出巨大环境资源代价换取的高增长，因此是不可持续、难以为继的发展模式。发达国家上百年工业化过程中各阶段出现的环境问题，在我国近三十年来集中表现出来。中国的二氧化硫、化学需氧量、持久性有机污染物年排放总量居世界前列，不仅对中国的可持续发展带来极大的隐患，也引起世界的忧虑和担心。[①] 环境污染和生态破坏造成了巨大经济损失，危害群众健康，影响社会稳定和环境安全。

中国已经充分意识到环境危机的严重性和解决挑战的紧迫性。在十八大报告中已经提到，"面对资源约束趋紧、环境污染严重、生态系统退化的严峻趋势，必须树立尊重自然、顺应自然、保护自然的生态文明理念"。为了改变这种不利的现状，中国把节能减排作为调整经济结构，实现经济又好、又快发展的战略突破口。中国将改变"先污染后治理"的发达国家所走过的工业化道路，掀起一场建设生态文明的热潮。生态文明的建设，不仅惠及 13 亿中国人民，更体现对人类赖以生存的家园的关爱和呵护。十八大把生态文明建设与其他四个建设并列作为建设中国特色社会主义的总布局，这既体现了党和政府对发展与环境关系认识的不断深化，也反映出走可持续发展道路、实现人与自然和谐的坚定信念。

生态文明是人类一切文明的根基。中国共产党提出建设生态文明，顺应了当代社会的三大转变：人类文明形式由工业文明向生态文明的转变，世界经济形态由资源经济向知识经济的转变，社会发展道路由非持续发展向可持续发展的转变。[②]

（二）生态文明理论是西方生态思想与中国特色社会主义相结合的产物

生态文明理论不仅辩证地吸收了西方生态社会主义的合理思想，而且结合中国特色社会主义的特点，进行了大胆创新并付诸实践。鉴于我国当前还处于社会主义初级阶段，我们提出了科学发展观和构建社会主义和谐社会。无论是科学发展观还是和谐社会都与生态文明密切相关，也对生态

---

① 赵建军．生态文明建设刍议［N］．中国文化报，2008 – 07 – 05.
② 刘思华．加强可持续发展经济研究［N］．光明日报，1999 – 10 – 08（7）.

文明的建设提出了更高的要求，对生态文明理论做了创新性的补充。全面、协调、可持续是科学发展观的三个基本要求，因此，在生态文明建设中，要首先转变发展观念，将发展生产、繁荣经济和生态环境保护、资源节约有机统一起来，既要满足当代人的需要，又要为子孙后代留下充足的发展条件和发展空间。科学发展观的根本方法是统筹兼顾，其中就要求统筹"人与自然和谐发展"，这意味着在生态文明建设中我们必须科学确定人类在自然界中的位置——人类是自然界的一部分，只有将人和自然万物统一起来，才能真正实现社会的全面进步，为建设社会主义和谐社会提供基础和保障。

中国特色的生态文明理论不仅继承了马克思主义的精髓，而且融合了中华文明和时代特色；不仅吸收了国际生态文明的最新理论成果，而且对其进行了补充和完善，在国际社会中展示了中国社会改革和建设的特有目标和实质。

中国的工业文明虽然姗姗来迟，但是中国进入工业文明的道路却具有自己的特色。中华文明中的生态智慧与生态文明的内在要求契合度很高，从文化艺术到社会制度，都反映了对人与自然和谐相处的理想社会的追求。生态伦理思想是中国传统文化的主要内涵之一，在儒家、道家和佛家思想中都有具体的体现。当代西方在发现"物化文明"遭遇前所未有的危机时，往往从古老的东方文化中寻求摆脱困境的思想根源。中国在生态文明建设中，既具有文化优势，又具有制度优势，理应率先成为生态文明的实践者。

当然，中国在实现工业文明的过程中不可能再享受发达国家在工业化过程中所拥有的廉价资源和环境容量，只能在严峻的生态环境下迈向工业化。因此，中国只有走生态文明之路，坚持人与自然和谐发展的原则，才能在保持经济高速增长的同时兼顾环境保护。科学发展观和和谐社会不是凭空出现的，它们都是在关照现实和了解国情的基础上，借助理论分析而获得强大的生命力，其中生态文明理论的借鉴不仅丰富和发展了中国特色社会主义理论，而且为其他国家发展社会主义贡献了丰富的理论资源和实践模式。

第二章

新理念：生态文明建设的热词新意

美丽中国：百姓的诉求和期盼

绿色发展：中国特色发展之路

低碳经济：应对国际挑战之举

尊重、顺应、保护：生态文明理念之内涵

天蓝、地绿、水净：美好家园现实之写照

1

美丽中国：百姓的诉求和期盼

"把生态文明建设放在突出地位，融入经济建设、政治建设、文化建设、社会建设各方面和全过程，努力建设美丽中国，实现中华民族永续发展"。十八大报告所提出的"美丽中国"，既可以作为一幅美丽蓝图，也可以作为一个宏伟目标；既是党和国家对现实发展实践的深刻总结，也是对人民群众生态诉求和期盼的积极回应；既是对中国传统"天人合一"观念的继承和发展，也是科学发展观理念的深化和升华。美丽中国蕴含着浓厚的"以人为本"的人文精神，也蕴含着全新的"人与自然和谐"的发展理念。

一、百姓所了解的中国环境现状以及期盼改变的心理

在改革开放初期，人们最迫切的需求是摆脱贫困，是解决温饱问题，是追求富裕生活。国家的各项政策顺应了人民的呼声，通过大力推进经济建设、努力发展生产，从而满足了人民群众不断增长的物质需求。经历了改革开放三十多年的经济快速发展，中国的物质生产水平大幅提高，人民的生活水平也得到提升，越来越多的人民群众解决了温饱问题，正在走向小康水平。但在经济快速发展、工业化水平加快、城市化水平提高的过程中，一方面，经济发展面临着资源环境制约越来越凸显的问题，石油、天然气等重要资源对外依存度快速上升；另一方面，环境污染严重，生态系统退化，自然灾害压力增大。

在现实生活中，普通百姓发现身边的环境正在发生着变化。空气的质量在下降，雾霾天气明显增多，特别是一线城市大气环境质量较差。这种空气污染也被国家有关机构检测数据所印证，据环境保护部监测资料显

示，灰霾和臭氧在我国东部城市较为突出，上海、广州、天津、深圳等城市灰霾天数占到全年的30%~50%，中西部地区的内陆城市如兰州、西安等的灰霾天气也逐年增多。PM2.5是形成灰霾天气的元凶，它是指直径小于等于2.5微米的细颗粒物，能负载大量有害物质穿过鼻腔中的鼻纤毛，直接进入肺部，甚至渗入血液，从而引发肺癌、哮喘、心脏病等疾病。目前，珠三角、长三角、京津冀等经济发达地区的空气质量下降趋势明显，中西部地区也难以幸免，而我国还欠缺一个有效的细颗粒物监测标准和监测体制，导致空气污染日益严重。

知识链接1　PM2.5的内涵及其危害 *

科学家用PM2.5表示每立方米空气中细颗粒物的含量，这个值越高，就代表空气污染越严重。PM2.5指大气中粒径小于2微米（有时用小于2.5微米）的颗粒物。虽然细颗粒物只是地球大气成分中含量很少的组分，但它对空气质量和能见度等有重要影响。细颗粒物粒径小，富含大量的有毒、有害物质且在大气中停留时间长、输送距离远，因而对人体健康和大气环境质量的影响更大。2012年2月，国务院发布新修订的《环境空气质量标准》，其中增加了细颗粒物监测指标。2013年2月28日，全国科学技术名词审定委员会称PM2.5拟正式命名为"细颗粒物"。

气象专家和医学专家认为，由细颗粒物造成的灰霾天气对人体健康的危害甚至要比沙尘暴更大。粒径10微米以上的颗粒物，会被挡在人的鼻子外面；粒径2.5微米~10微米的颗粒物，能够进入上呼吸道，但部分可通过痰液等排出体外，其他的也会被鼻腔内部的绒毛阻挡，对人体健康危害相对较小；而粒径在2.5微米以下的细颗粒物，直径相当于人类头发的

---

　　* 关于PM2.5［DB/OL］. 上海统一战线网，2012－01－20［2012－2－11］. http://gov.eastday.com/shtzw/node53/node56/u1a1746089.html.

1/10大小，不易被阻挡，被吸入人体后会直接进入支气管，干扰肺部的气体交换，引发包括哮喘、支气管炎和心血管病等方面的疾病。这些颗粒物还可以通过支气管和肺泡进入血液，其中的有害气体、重金属等溶解在血液中，对人体健康的伤害更大。一般而言，粒径2.5微米～10微米的粗颗粒物主要来自道路扬尘等，2.5微米以下的细颗粒物则主要来自化石燃料的燃烧（如机动车尾气、燃煤）、挥发性有机物等。

从绿化情况看，中国仍然是一个缺林少绿、生态脆弱的国家。目前，全国森林覆盖率只有20.36%，低于世界30%的平均水平，沙漠化土地面积超过国土面积的37%，水土流失面积超过国土面积的27%，森林资源和生态总量都严重不足。森林是地球之肺，不仅给予人类美丽的生存环境，而且能够通过光合作用吸收二氧化碳并释放氧气，使人类获得新鲜的空气。森林的减少导致的后果就是自然灾害加剧、水土流失严重、环境质量退化、野生动植物减少等。如我国四川的森林覆盖率从25%降到13%后，有46个县的年降雨量减少了10%～20%，甚至以往罕见的春旱也年年出现。素来"天无三日晴"的贵州，随着森林覆盖率下降到15%，近年来变得三年两旱。风沙区生态环境脆弱、耕地萎缩，人民生活受到极大影响，全国有60%的贫困县集中在风沙地区，4亿人口受到荒漠化的影响。荒漠化最严重的地区包括内蒙古、甘肃、宁夏、青海、新疆等5个省、自治区在内的干燥地带。

中国本身就是一个水资源缺乏的国家，我国人均水资源不足世界人均水平的1/4，而且水污染问题相当严重，水源的水质达不到国家规定的饮用水水质标准。2008年《中国环境状况公报》公布的数据显示，全国地表水污染严重。七大水系水质总体为中度污染，不适合做饮用水源的河段已接近40%，其中淮河流域和滇池最为严重。工业较发达城镇河段污染更加突出，城市河段中78%的河段不适合作饮用水源，城市地下水50%受到污染，水污染加剧了我国水资源短缺的矛盾，对工农业生产和人民生活造成了严重危害。目前，水中污染物已达两千多种，主要为有机化学物、碳化物、金属物等，其中自来水里含有765种污染物，190种是对人体有害的污染物。在我国，只有不到11%的饮用水符合国家卫生标准，而高达65%的人饮用浑浊、苦碱、含氟、含砷的水。目前，我国六百多座城市中，有四百多座供水不足，其中一百多座城市严重缺水，中国西北、华北、东北等北方城市几乎全都缺水，年缺水量约60亿立方米。北京市人均用水量只相当于一些发达国家首都的1/3；农村有3.6亿人口喝不上符合卫生标准的水，引发健康问题，北方和西北农村有五千多万人和三千多万头牲畜得不到饮水保障。

在物质生活得到满足后，人们追求更高的精神生活，而生活环境的好坏直接影响着人们的幸福指数。此外，因为一些涉及环境问题所引发的上访事件、群体事件也直接影响到人们的生活和社会的和谐。人民群众除了继续增加收入之外，还希望呼吸的空气能更新鲜一点，生活的城市有更多一点的绿地，流淌的河水能更清澈一点，能为子孙后代留下更多的良田，给子孙后代留下一个美好的家园。

人们对美丽中国有着无比的向往，充满着无限的期待，希望自己祖国的大地能披上美丽的绿装，中华的山水能够风光秀丽，让我们的家园山更绿、鸟更多、花更美、水更清、天更蓝、空气更清新，这是亿万民众的心声，是人民群众对生态的迫切诉求。建设美丽中国，才能使我们的执政之基更加坚实，才能实现中国的永续发展和长治久安。

二、百姓心目中的"美丽中国"——天蓝、地绿、水净

美丽中国应该是个什么样子？每个人心目中都有自己的标准，但是用天蓝、地绿、水净来表达百姓对美丽中国的诉求，肯定能够获得广泛的认同。当今中国的"旅游热"，一方面反映了人们对精神生活的追求，另一方面也反映了人们对城市生活的不满，人们渴望摆脱城市的喧嚣、浑浊以及钢铁、水泥森林的单调、乏味，走进大自然，寻找那难得的静谧、清新和秀丽。

天蓝不仅是指天空的颜色是蓝色的，也是对空气质量状况评价的一种通俗说法。地球的大气层就是我们头顶上的天空，这些大气本身不是蓝色的，大气中也不含蓝色的物质，之所以晴朗的天空呈现蔚蓝色，是因为大气分子和悬浮在大气中的微小粒子对太阳光散射的结果。当太阳

光通过大气时，波长较短的紫、蓝、青色光最容易被散射，因而天空呈现出蔚蓝色。但是由于大气污染严重，天空变成了灰色，主要原因是工业废气排放和汽车尾气排放，使人们呼吸的空气中弥漫着一种异味，这样的天气被称为灰霾天气。有时，即便空气看起来是纯净、透明的，是蓝色的，但是也会存在悬浮在空中的细微颗粒物，其直径小于或等于2.5微米，只有人类头发丝的1/10，人们的肉眼是看不见的。当人们呼吸时，每一口气中都含有数以百万计的PM2.5颗粒，这些颗粒能深达人体肺部，甚至渗入血液，从而引发人体的各种疾病。对于那些缺少过滤装置的发电厂和工厂，它们在燃烧煤炭的过程中产生了无数的硫酸盐和烟尘微粒，还有机动车尾气制造出来的相当多的硝酸盐和其他微粒，以及农作物、废弃物焚烧和柴油发动机燃烧产生的煤烟颗粒等都是造成灰霾天气的罪魁祸首。人们期盼的天蓝是真正的蓝色，是没有细微颗粒物的蓝色，是空气质量优良的蓝色。我们的发展不能以牺牲环境和公众健康为代价，没有新鲜的空气，再快的发展都是毫无意义的。

绿色既是生命的本色，也是希望和活力的象征。地绿就是要让大地披上绿装，要提高森林覆盖率，要增加城市和城郊的绿化面积。青山绿地既是实现绿色产业转变的重要表现，也是现代化农业、休闲旅游业兴旺发达的关键。同时，通过生态旅游、经济果木、绿化苗木等与森林相关的产业，既可以促进森林生态经济的发展和农民的增收，也可以实现生态文明的结构转型。城市的绿化是城市的名片、特色和个性，是城市招商引资的硬通货，是事关城市能否长远发展的生命线和补给线。在城乡环境的综合治理中，以青山绿地工程为载体，从一草一木的种植，到公园、小游园、小广场的建设，使人们生活在开门见绿、开窗透绿的风景中，享受于绿色的环绕氛围中。绿色给予人们以绿色享受、绿色福利、绿色幸福，它不仅改善着城乡的生态状况和生态安全，也改变着人类的生活方式和服务方式。因此，一棵树、一片林、一块绿地都寄托了百姓的期盼，是人类得以诗意地栖居于大地的前提和保障。

水是包括人类在内所有生命生存的重要资源，是生物体的最重要组成部分，同时在生命演化中扮演着重要的角色。清洁、卫生的水是人体健康的重要保证。水净就是指水中不含有害人体健康的物理性、化学性和生物性污染物。水净不仅应该是对饮用水的直观感觉，而且也应该是对各种水体水质评价的重要标准。世界各国对生活饮用水都有自己的水质标准，其中包含着微生物指标、物理指标中的无机化合物和有机化合物、感官性状、一般理化指标、放射性指标等，抛开这些指标不说，最直观的感受就是水色是否清亮。水是清还是浑人们往往一眼就能看出来，事实也正是如此，低浊度的水含有更多的细菌病毒或者其他物理、化学污染。老子说："上善若水。"孔子说："智者乐水。"最高的道德像水一样至善至纯，有修养的人经常像水那样去净化自己内心的污垢。水犹如一面镜子，反映了大自然的宁静、平和，可以让人忘记烦恼、杂念顿消。水净意味着把自然与人的心念结合在一起，既为人的物质满足提供依归，也为人的精神满足提供示范。解决了水净的问题，意味着喝的问题得到解决，吃的问题也会得到一定程度的解决，因为土地和水源是紧密联系的，有干净的水就必然有干净的土地，土地上生长的植物也就有了保障。当吃、喝解决之后，人的生存自然就没问题了，剩下的则是发展问题。

澄迈县九乐宫温泉度假村

三、百姓期盼的天蓝、地绿、水净的实现途径

实现天蓝、地绿、水净的目标，不能单纯靠节能减排、治理污染或者

保护环境，必须把生态文明融入经济建设、政治建设、文化建设、社会建设的各方面和全过程。同时，还要实现从中央到地方、从企业到个人的全社会的共同努力，观念上、制度上，生产方式、消费方式等方面都要随之发生改变。在"美丽中国"理念的指导下，还要有各项具体措施，天蓝、地绿、水净的美好愿景才能变为现实。

（一）要以控制排放为入手

工业企业的废气排放和机动车的尾气排放是造成大气污染的主要原因之一，要对热电企业和工业企业的锅炉进行脱硫除尘改造，保证废气达标排放，禁止使用高污染燃料，严查各种污染源，逐步降低工业企业的废气污染。机动车的尾气排放要达标，通过限行、淘汰等措施整治尾气污染。工业企业在制造、加工、冷却、净化、洗涤等过程中的废水排放也必须先治理再排放，而且要循环利用，严禁直接排入江河。生活污水主要通过建立污水处理厂加以治理，处理后的中水可以作为冲洗厕所、喷洒街道、工业用水、防火等水源。

（二）要以应用先进技术为上手

无论是汽车的发动机，还是企业的生产机器，或者是治理污染的设备都有一个技术先进与落后的问题，先进的技术往往能够提高资源、能源的效能，减少污染，而落后的技术则必然出现相反的结果。工业企业中的新技术、新工艺的推广应用，短期会影响企业的经济效益，但推广应用一方面是企业的责任，另一方面也带来了巨大的社会效益，所以应该引进、改造落后的技术，为达到百姓的期盼而作出适当牺牲。

（三）要以社会公众参与为推手

要实现百姓的期盼就需要全社会的参与，大家齐心协力、携手共进才有可能达到目的。百姓自身在日常生活中要注意节约、环保、低碳，从出行方式、消费方式，到饮食习惯、健身习惯等，都要以节能减排、绿色环保为导向，避免各种奢侈浪费现象。要谨记：自己的未来要靠自己来改变。企业作为污染的主要源头应承担起自己的社会责任，不能为了经济利益而把成本转嫁到环境上。各级政府要切实扭转发展观念，不但要在制定政策时体现百姓的生态诉求，而且要在执行政策时落实计划、规划，真正做到以百姓的身心健康为执政、施政的出发点和落脚点。

（四）要以严格监督管理为抓手

监督管理是保证政策落实以及纠正偏差的有效手段，不能仅仅把它看做各级行政管理机关的职责，其他的社会团体、公共媒体以及每个公民都有义务去监督各种污染环境的行为。行政机关应负主要责任，应严格按照法律、法规、政策实施监督管理，对于任何污染行为要按照规定给予处罚。媒体应敢于揭露各种污染行为，对涉及公众的污染零容忍，不能装聋作哑、充耳不闻，要有社会责任感和担当，要有自己的职业良心，这样才能发挥"第四权力"的制衡作用。公众不能做污染行为的看客，要及时为媒体、管理部门提供线索，也可利用网络媒体予以揭露。只要抓好监督，污染自然无所遁形。

环境问题与我们每一个人息息相关，我们站在蓝天下、立于绿色的大地上、呼吸着新鲜的空气、吃着放心的食物、喝着干净的水、与自己的亲人朋友一起欣赏着壮美的锦绣山河，还有比这更令人向往的吗？

延伸阅读

2012 年 12 月 4 日，赵建军教授接受《焦点访谈》栏目采访，以"数说美丽中国"为主题，谈了谈自己的看法，欢迎读者扫一扫右侧二维码观看视频。

2

绿色发展：中国特色发展之路[*]

联合国计划开发署发表的《2002 年中国人类发展报告：绿色发展，必选之路》，首次提出在中国应当选择绿色发展之路。绿色发展与以往"先污染、后治理"的"黑色发展"不同，它既追求经济发展，又要求防止环境恶化、生物多样性丧失和不可持续地利用自然资源。绿色发展道路是一条不同于西方发达国家，也不同于一般发展中国家的中国特色的发展之路。

一、绿色发展的内涵

1989 年，英国经济学家皮尔斯在《绿色经济蓝皮书》中首次提出"绿色经济"概念，指出通过发展绿色经济可以实现经济、社会和生态的可持续发展。2006 年 4 月，亚洲及太平洋经济社会委员会在《2005 年亚太地区环境报告》中指出，亚太地区目前的成长是不可持续的，必须构建绿色经济。在全球金融危机，特别是气候变化问题的背景下，2008 年 10 月联合国环境署召开"绿色经济行动倡议"项目启动会，2009 年 4 月又公布了《全球绿色新政政策概要》，启动了"全球绿色新政及绿色经济计划"。

绿色发展是指资源节约型、环境友好型的以人为本的可持续发展，强调经济发展、社会进步和生态建设的统一与协调。绿色发展要求既改善能源资源的利用方式，又保护和恢复自然生态系统与生态过程，实现人与自

---

[*]　本文部分内容原载城市［J］. 2011（11）. 原名为：推进中国绿色发展的必要性及路径。

然的和谐共处。绿色发展与科学发展观、可持续发展、生态文明、低碳经济辩证统一。

（一）绿色发展与科学发展观

科学发展观的第一要义是发展，核心是以人为本，基本要求是全面协调可持续性，根本方法是统筹兼顾。绿色发展坚持"以人为本"，强调改善生态只是手段，改善民生才是目的；绿色发展重视数量的增加，更重视质量的提升；绿色发展将经济、社会和生态统一起来，实现经济效益、社会效益和生态效益的统一，促进了资源节约型、环境友好型社会的构建，实现科学发展。坚持走绿色发展之路是贯彻落实科学发展观，实现经济又好、又快发展的迫切需要。

（二）绿色发展与可持续发展

可持续发展是指既能满足当代人的需求，又不损害后代人满足其需求的能力，是一种注重长远发展的经济增长模式，是以保护自然资源环境为基础，以激励经济发展为条件，以改善和提高人类生活质量为目标的发展理论和战略。绿色发展将环境资源作为社会经济发展的内在要素，把实现经济、社会和环境的可持续发展作为目标，把经济活动过程和结果的"绿色化"、"生态化"作为主要内容和途径。

（三）绿色发展与生态文明

生态文明是一种新的文明形态，是迄今为止人类文明发展的最高形态。它是指人类在改造自然、促进社会进步和发展的过程中，实现人与自然、人与人、人与社会之间和谐共生关系的全部努力和成果，它强调人的自觉与自律，人与自然环境的相互依存、相互促进、共处共融。建设生态文明，必须走绿色发展之路；实现绿色发展，是提高生态文明水平的具体路径。

（四）绿色发展与低碳经济

2003 年，英国政府发表能源白皮书，题为《我们未来的能源：创建低碳经济》，首次提出"低碳经济"概念，引起国际社会的广泛关注。低碳经济是以低能耗、低污染、低排放为基础的经济模式，其实质是高能源利用效率、清洁能源结构问题、追求绿色 GDP 的问题，核心是能源技术和减排技术创新、产业结构和制度创新以及人类生存发展观念的根本性转变。发展低碳经济的关键在于改变人们的高碳消费倾向，减少化石能源的消费量，减缓碳足迹，实现低碳生存。在推进低碳经济的过程中，能够助推绿色发展。

二、中国选择绿色发展道路的必要性

（一）能源资源问题呼唤绿色发展

1. 以煤为主的能源结构短期内将难以改变

"富煤、少气、缺油"的资源条件，决定了中国能源结构以煤为主；低碳能源资源的选择有限，决定了发展低碳经济的进程将是曲折和艰难的。目前，我国能源消费中煤炭消费占 68% 左右，远远超过石油、天然气等相对洁净的能源，煤炭与天然气、石油相比，其温室气体排放的强度和控制的难度都要大得多。

2. 能源资源分布广泛但不均衡

中国煤炭资源主要分布在华北、西北地区，水利资源主要分布在西南地区，石油、天然气资源主要分布在东、中、西部地区和海域。大规模、长距离的北煤南运、北油南运、西气东输、西电东送，是中国能源流向的显著特征和能源运输的基本格局。

3. 能源资源开发难度较大

中国煤炭资源地质开采条件较差，大部分储量需要井工开采，极少量可供露天开采。石油、天然气资源地质条件复杂，埋藏深，勘探开发技术要求较高。未开发的水利资源多集中在西南部的高山深谷，开发难度较大、成本较高。

（二）环境污染呼唤绿色发展

1. 环境污染物不断增多

环境污染物指人们在生产、生活过程中排入大气、水、土壤中并引起环境污染或导致环境破坏的物质。环境污染物主要来自生产性污染物（三废、农药、化学品等）、生活性污染物（污水、粪便、废弃物等）和放射性污染物。环境污染物会对机体产生严重危害，影响人类的生存和发展。

2. 生态环境整体功能下降

森林质量不高，草地退化，土地沙化速度加快，水土流失严重，水生态环境仍在恶化；有害外来物种入侵，生物多样性锐减，遗传资源丧失，生物资源破坏形势不容乐观；生态安全受到威胁。同时，急速发展的工业化伴随的大规模自然资源消耗，也带来严重的环境污染，最为严重的是农村工业污染、城市水污染和大气污染。

三、中国推进绿色发展的路径

中国推进绿色发展需要经过一个从思想层面到制度层面再到实践层面的自上而下的过程。只有推进绿色发展，大力进行绿色技术创新，才能逐步化解人类目前面对的发展危机，为人类的科学发展提供强有力的保障和支撑。

（一）积极倡导以环保为基础的绿色发展理念

大力普及生态知识、增强环保意识、树立绿色理念、弘扬生态文明。积极树立符合自然生态原则的价值需求、价值规范和价值目标，将绿色化、生态化渗入社会结构中，在社会政策制定、决策实施上，以协调人类与自然之间的关系为基准，以期维护人类活动对自然的最小损害并能够进行生态修复和生态建设。

（二）绿色发展要以节能减排为核心

"我们不能以降低经济增长和人民生活水平为代价来减排，而应实现发展与减排的双赢，走低能耗、高产出的可持续发展道路"[①]。党的十七大报告指出："加强能源资源节约和生态环境保护，增强可持续发展能力。

---

① 庄贵阳. 低碳经济：气候变化背景下中国的发展之路［M］. 北京：气象出版社，2007.

坚持节约资源和保护环境的基本国策，关系人民群众切身利益和中华民族生存发展。"

"大力推进绿色发展要求人们发展循环经济。绿色有机资源本身就是循环的，构成自然界有机循环的生态系统。相反，高碳消耗阻碍了自然界的生态循环，给绿色循环系统嵌入了隔离性因素，造成了破坏性成分越来越多，导致温室效应，以及对人的生命系统与生命进程的极大破坏"①。

当前我国的经济结构、社会发展、能源结构等因素决定了节能减排是实现绿色发展、转变发展方式的核心。要坚持开发与节约并举、节约优先的方针，促进实现经济增长方式的根本性转变，以提高能源资源利用效率为核心，以资源综合利用和发展循环经济为重点，把节约能源资源工作贯穿于生产、流通、消费各个环节和经济社会发展各个领域，加快形成节约型生产方式和消费方式，提高全社会能源资源利用水平。

（三）绿色发展急需技术支撑

1. 增强自主创新能力，研发低碳技术、开发低碳产品

重点着眼于中长期战略技术的储备，整合市场现有的低碳技术，加以迅速推广和应用；理顺企业风险投融资体制，鼓励企业开发低碳等先进技术。

2. 发展清洁能源

清洁能源是不排放污染物的能源，包括核能和可再生能源，可再生能源是指原材料可以再生的能源，如水力发电、风力发电、太阳能、生物能（沼气）、海潮能等，可再生能源不存在能源耗竭的可能，因此要高度重视并积极进行开发研究。

3. 加强国际技术合作

中国秉承"合作互利共赢、保护知识产权、先进技术共享、集成优势资源、开展技术创新"的原则，积极推动可再生能源与新能源国际科技合作的深入开展。目前在可再生能源和新能源方面，中国与国际上十几个国家建立了研发、技术转让和示范等各种形式的合作关系，如与美国、德国、意大利、法国等国家，在太阳能、氢能和燃料电池等方面的合作。

---

① 孙跃刚. 科学发展：创新发展与绿色发展 [J]. 大庆社会科学，2011（4）.

（四）绿色发展要加快培育发展战略性新兴产业

战略性新兴产业是引导未来经济社会发展的重要力量。发展战略性新兴产业已成为世界主要国家抢占新一轮经济和科技发展制高点的重大战略。发展战略性新兴产业是平衡"稳增长"和"调结构"两难目标的重要途径。

战略性新兴产业是以重大技术突破和重大发展需求为基础，对经济社会全局和长远发展具有重大引领带动作用，知识技术密集、物质资源消耗少、成长潜力大、综合效益好的产业。我们要着眼于抢占未来技术和产业制高点，大力培育发展战略性新兴产业，立足我国国情，努力形成节能环保、新一代信息技术、生物、高端装备制造产业成为国民经济的支柱产业，新能源、新材料、新能源汽车产业成为国民经济的先导产业。我国正处在全面建成小康社会的关键时期，必须按照科学发展观的要求，抓住机遇、明确方向、突出重点，加快培育和发展战略性新兴产业。

3

低碳经济：应对国际挑战之举

低碳经济是一种低能耗、低排放、低污染的经济发展模式。低碳经济是我国发展模式转型的必然选择，也是应对国际挑战的举措。

一、"高碳经济"面临国外压力

英国风险评估公司 Maplecroft 公布的温室气体排放量数据显示，中国每年向大气中排放的二氧化碳超过 60 亿吨，位居世界各国之首。[①] 中国政府在温室气体减排方面面临前所未有的国际压力。中国排放的二氧化碳量已经占世界总量的 1/5，比曾经是世界头号温室气体排放国的美国还多，更令人担忧的是，由于中国的城镇化和工业化处于飞速发展上升时期，中国的人口超过 13.5 亿，在今后 15 年还将以年均 800 万~1000 万的规模增长，2013 年中国人均 GDP 为 6920 美元，按照购买力平价折算达到 7500 美元左右，且人均收入水平在持续提高。中国的人均碳排放水平与发达国家相比处在很低的水平，但中国社会正处在生活方式发生较大变化的阶段，与发达国家存在生活模式相似性的现象，进一步提升生活水平必然会提高人均碳排放水平，这也是生存权和发展权的具体体现。与此同时，中国目前有 53% 的人口居住在农村，以农业为生。在未来的 15 年里，将有占中国总人口 30% 左右的农村人口离开农村，被城镇吸纳，因此较长时期的城镇化对中国的碳排放也将形成巨大压力。近一段时期中国的碳排放量

---

① 世界二氧化碳排放量最大的国家排行榜［DB/OL］. 中国节能产业网，2009 – 12 – 19 ［2010 – 01 – 28］. http: www. china-esi. com/News/9096. html.

很难降下来。美国一份研究报告称，世界上最大的温室气体排放国中国的温室气体排放量可能在 2030 年前达到峰值，该报告还称中国对家用电器、建筑等行业的需求约到那时达到"饱和"。

（一）减排压力日趋加大

为应对日益紧迫的环境破坏与资源匮竭的挑战，国际社会在 1992 年制定了《联合国气候变化框架公约》。1997 年 12 月，该公约第三次缔约方大会在日本京都召开，149 个国家和地区的与会代表达成了《京都议定书》。《京都议定书》规定，到 2012 年，所有发达国家二氧化碳等 6 种温室气体的排放量，要比 1990 年减少 5.2%。《京都议定书》于 2005 年 2 月 16 日正式生效。由于对地球温室气体存量影响的差异，资源禀赋和经济发展水平的差异，在履行减排义务时所付出的代价不同，所以《京都议定书》赋予各国在温室气体减排方面具有"共同但有区别的责任"。按照《京都议定书》的减排目标，2012 年前发达国家需要减少的二氧化碳排放量在 50 亿吨~55 亿吨，其中一半减排量由发达国家通过各类技术改进等方式"内部消化"，余下超过 25 亿吨则需要通过向发展中国家输出先进技术或设备改造资金实现减排抵免，或经由发展中国家与发达国家基于项目合作的清洁发展机制（clean development mechanism，CDM），进行排放额度转让贸易来完成。[①] 2009 年哥本哈根会议，中国政府向世界作出郑重承诺，公布了其控制温室气体排放的行动目标，决定到 2020 年中国单位国内生产总值二氧化碳排放量比 2005 年下降 40%~45%。虽然我国制订的节能减排目标显示了一个负责的大国的风范，但是也为自身的发展带来了巨大的压力，"十一五"期间，我国过高地设定了 20% 的节能减排的目标，使得经济相对落后的中西部地区的发展感受到巨大的压力，最终未能实现预期目标。我国"十二五"能源消费总量控制在 41 亿吨标准煤的目标，难度很大。以能源消费总量控制在 41 亿吨标准煤估计，2015 年中国与能源相关的二氧化碳排放量将可能达到 84.6 亿吨，中国的二氧化碳减排形势异常严峻。尤其是经过 2011 年德班世界气候大会，全球减排框

---

① 储昭根. 奥巴马借清洁能源法案为绿色新政定调［DB/OL］. 2009 – 08 – 15 ［2010 – 01 – 28］. http：//www.caogen.com/blog/Infor-detall/16106.html.

架谈判决定的进程给包括中国在内的很多国家提出了挑战，在未来全球应对气候变化体系中，更强调共同的责任，而淡化了区别。2020 年之后，中国、印度、新加坡、韩国等很多国家都要面对"重新站队"的问题，在减少温室气体排放等方面将承受更大压力。

（二）中国碳交易市场迎来寒冬

《京都议定书》生效以来的短短几年，国际碳市场爆炸式增长，据英国新能源财务公司发布的预测报告，全球碳交易市场 2020 年将达到 3.5 万亿美元。世界银行统计显示，尽管全球经济在 2008 年下半年放缓，但 2008 年全球碳排放交易市场规模扩大了 1 倍，高达近 1300 亿美元。来自世界银行的数据，2012 年全球碳交易市场达到 1500 亿美元，超过石油交易成为世界第一大市场。[①] 日本称碳交易为 21 世纪第一个巨大商机，欧、美、澳三大交易市场走在了碳交易的前列，印度、泰国等发展中国家和地区也陆续进入全球碳交易市场。中国现在已成为世界上最大的排放权供应国之一，我们提供了产品，但产品的标准和评估都是别人制定的，我们没有自己的交易系统，也没有定价权，没有碳金融机构和人才，中国的市场基础设施还很不成熟，比如减排量交易的法律产权归属问题，缺乏第三方认证机构等。其中最重要的就是碳交易金融体系的缺失，这里面包含着重大的系统风险和隐患，缺少像欧美那样的国际碳交易市场，不利于争夺碳交易的定价权。使得中国的碳交易这一新兴的绿色金融市场迎来了寒冬，也使得我们在国家碳交易市场上面临更多的压力。

知识链接2　碳交易的含义及运行机制*

　　把二氧化碳排放权作为一种商品进行交易，简称碳交易，也称温室气体排放权交易，是为促进全球温室气体减排，减

---

　　① 孟群舒. 降低碳排放有巨大市场，谁能抓住 2 兆美元商机［N/OL］. 解放日报，2009 - 12 - 07［2010 - 01 - 30］. http：//finance. qq. com/a/20091207/001483. htm.

　　* 碳交易［DB/OL］. 互动百科，2012 - 10 - 15[2012 - 10 - 30］. http：//www. baike. com/wiki/% E7% A2% B3% E4% BA% A4% E6% 98% 9.

少全球二氧化碳排放采用的市场机制。碳交易中合同的一方（买方）通过支付获得另一方（卖方）温室气体减排额。买方可以将购得的减排额用于减缓温室效应从而实现其减排的目标。随着人类对气候变化和环境保护的日益重视，很多国家都为减少二氧化碳等温室气体的排放制订了具体的计划，碳交易就是其中之一。1997年通过的《京都议定书》，把市场机制作为解决二氧化碳为代表的温室气体减排的新路径，联合国规定发达国家可在发展中国家购买节能减排指标。这就意味着，发展中国家减少的二氧化碳排放量指标若经联合国认定，就可卖给西方大企业冲抵他们的减排指标。根据碳交易的三种机制（清洁发展机制、联合履行机制、排放交易机制），碳交易被区分为两种型态：配额型交易和项目型交易。近些年，碳交易发挥了积极的作用，日本、美国、欧洲等发达国家和地区已通过碳交易取得了显著的环境和经济效益。例如，日本把碳排放权交易看做"21世纪第一个巨大商机"；美国堪萨斯州农民通过农田碳交易，获得了新的农业收入来源；英国通过"以激励机制促进低碳发展"的气候政策来提高能源利用效率，降低温室气体排放量；德国通过碳排放权交易管理，做到了经济与环境双赢。印度、泰国等发展中国家和地区也看到了全球变暖带来的商机，陆续进入全球碳交易市场"淘金"。

（三）绿色技术壁垒越筑越高

绿色壁垒是指在国际贸易领域，一些发达国家凭借其科技优势，以保护环境和人类健康为目的，通过立法，制定繁杂的环保公约、法律、法规、标准、标志等形式对国外商品进行准入限制。它属于一种新的非关税壁垒形式，已经逐步成为国际贸易政策措施的重要组成部分。绿色贸易壁垒在近十年的时间里被使用的频率越来越高，成为继反倾销措施以后的又一重要的贸易措施。进入 21 世纪以来，在全球 4917 种产品中，受绿色贸易壁垒影响的 3746 种产品的贸易额达 47320 亿美元，占世界进口额的 88%，其中直接受影响的达 6790 亿美元，占 13%，共计 137 个进口国采用了绿色贸易壁垒措施。据欧盟环保机构的一项调查显示：欧盟国家禁止进口的"非绿色产品"90% 来自发展中国家，涉及纺织、成衣、化妆品、日用品、玩具、家具和家用电器等几千种商品。①

二、"低碳经济"成为中国发展破题关键

中国的水资源占全球的 6%，耕地资源占全球的 7%，石油和煤炭资源的对外依存度也越来越高。据估算，中国这个占世界 20% 人口的国家如果要达到西方工业文明的顶端，按照原有的工业化的非生态性的创新，单单依靠自身的资源是远远不够的，还需要四个地球的资源才能够完成。因此，传统的发展创新模式是国内和国际环境都不允许的，中国想要跨越工业文明的资源屏障，只能改变经济发展的模式，将绿色发展浪潮同低碳经济进行有机结合。

（一）低碳经济是中国经济腾飞的助力器

改革开放三十多年来，中国充分利用了战略机遇期给中国经济增长带来的两大红利：一是 20 世纪 80 年代和平与发展新时代的开启，使中国经济获得了国际环境的红利；二是 20 世纪 80 年代之后，以信息技术为核心的新经济兴起，使中国在开放中获得了西方发达国家产业转移的红利。2009 年金融危机之后，国家和平与发展带来的环境红利依然存在，但信息技术革命带来的产业转移的红利正在消失，在这样的背景下，世界低碳经济的兴起，给中国如何利用新战略机遇提出了新课题。中国初步完成了工业化发展，具备了低碳经济创新所需要的物质基础，同时，中国作为人口大国，工业化遭遇到能源和环境压力也是世界上最大的国家。当代中国有高于新兴工业化国家、接近发达国家的创新能力，也有发达国家和发展

---

① 齐子磊，王志刚，吴浩. 论绿色壁垒对我国出口贸易可持续发展的影响 ［J］. 现代商业，2009（4）.

中国家所没有的创新动力，从这个意义上讲，中国是目前世界能力与动力匹配度最高的国家。因此，中国将成为未来低碳经济创新中心之一。

（二）低碳经济是中国应对国际压力的缓冲器

为了应对气候变化带来的负面影响，全球迫切需要采取强有力的措施控制温室气体的排放增长，以及由此带来的全球气温上升。金融危机之后，低碳经济已经成为国际经济发展的新引擎，围绕低碳经济制定的相关的国际协定已经不仅仅局限在经济层面，而是上升到国际政治和国家安全的高度，成为国际政治经济新秩序的主导因素。目前，中国已成为世界上二氧化碳排放量最高的国家之一，消耗着越来越多的能源，随着中国经济不断增速，中国崛起带来的世界性能源问题也将与日俱增。随着全球经济的一体化，中国在国际政治、经济等方面正在发挥越来越重要的作用，中国在全球气候保护方面的态度和所采取的行动同样影响到中国的国际形象和综合竞争力。当前，随着金融衍生经济的泡沫褪去，低碳经济已成为新的发展领域，环境外交以及相关政策制定已成为谋取国家利益的重要手段。在面对新的温室气体减排形势和日益增加的国际压力下，中国应当把低碳经济的发展作为中国应对国家压力的缓冲器，减少我们发展所面临的阻力，只有从满足国家长远发展利益和综合安全的战略角度，系统考虑经济、社会发展及技术进步与温室气体减排问题，协调处理好减排政策与资源、环境和经济复杂系统之间的问题，才能将低碳经济纳入我国的发展模式。在国内形成一种节约能源、提高能源利用效率、减少温室气体排放的氛围，树立中国负责任的发展中大国形象，才能为我们经济、政治、文化和社会的发展赢取空间。

（三）低碳经济是中国突破发展屏障的破冰器

在新的国际环境和中国进入新发展阶段的背景下，当代中国经济与社会发展面临着跨越"双重障碍"的挑战。按照国际经验以及中国发展的现实情况，中国在成为中等收入国家后，面临着如何跨越"中等收入"的障碍。与此同时，与已经完成工业化的国家不同，中国面临着另一个障碍，即"文明高墙"。所谓文明高墙，就是在人类生态足迹已经超出环境承载力背景下，中国崛起必然遭遇先登上工业化列车的发达国家的排斥。

出于先入为主和既得利益的要求，发达国家对中国挤入工业文明列车感到不满和恐惧，他们会以低碳经济和环境压力为由，提升中国进入工业化的门槛，这将是中国未来走向工业化道路遇到的第二个障碍。中国用三十多年的时间走完了发达国家百年走的路，但经济上压缩式的增长，给我们带来的另一个代价是压缩式的高密度污染。中国的国土面积与美国相当，但是人口是美国的四倍多。这意味着中国这块土地承受着数倍于美国的污染度。压缩式的高密度污染，不仅威胁着中国传统工业化的可持续性，而且将威胁到中华民族的生存基础。而具有经济增长引擎和解决环境危机双重功能的绿色经济，为中国在未来新经济发展阶段突破双重高墙障碍提供了新思路、新路径。从 2003 年十六届三中全会提出科学发展观，到 2007 年党的十七大提出建设生态文明；从"十一五"时期把节能减排作为社会经济发展的一个硬约束指标，到"十二五"时期提出的建设两型社会，再到党的十八大报告中明确指出低碳发展的理念。可以看出，进入 21 世纪以来，如何推进低碳经济发展一直是中国政府非常重视的战略问题。

4

尊重、顺应、保护：生态文明理念之内涵

十八大报告强调："必须树立尊重自然、顺应自然、保护自然的生态文明理念。"这种新型的生态文明理念是生态学原理与人类社会发展规律相结合的产物，是用生态学原理审视人与自然伦理关系的必然结果。

一、尊重人与自然的平等地位

工业文明下人与自然的地位的失衡在于，人类中心主义成为支配人认识自然和改造自然的思想利器。工业文明取得了巨大的成功，人类中心主义是工业文明得以迅速发展和被认同的理论基础。人类中心主义是人类自我觉醒过程中必不可少的一个环节，在人类发展的历史上有着重要的地位。公元前 5 世纪，希腊哲学家普罗泰戈拉明确提出人类中心主义命题："人是万物的尺度，是存在的事物存在的尺度，也是不存在的事物不存在的尺度。""对自然的否定就是通往幸福之路。"考量人类和自然之间的价值关系，只有人类才是主体，人类的意识性决定了人类的主体性，自然只是人类用于改造的客体。因此，只能也只有人类才能真正掌握价值评判的尺度，因此价值在任何情况下都指的是对于人的价值。通过自然科学和技术发展的胜利，人们从对自然的盲目敬畏与崇拜中挣脱出来之后迅速地走向另一个极端，人类迫不及待地将孕育自己的自然踩在脚下，用一种胜利者的姿态宣告世界万物除了人类之外仅仅是生存和发展的工具与资料。人类中心主义的客观基础在于：人类拥有的生产工具和科学技术不断进步和发展帮助了人类在征服自然的道路上畅通无阻，这种畅通无阻滋生了人类的"征服者"和"主宰者"的贪欲。人成为自然的主人，人类的中心

地位是无法撼动的。人类中心主义的主观基础是对于生态发展规律的漠然和无视，对人和自然之间需要建立的和谐共生的关系的冷淡，对自然界整体性、系统性的把握的缺失，割裂了自然界的存在发展同人类自身命运的天然的、不可泯灭又相互依存的关系。

工业文明下的生态环境的恶化给人类敲响了警钟，自然不仅仅是人类取之不尽的资源库，它作为人类存在的母体，需要人类的尊重。"整个自然世界都是那样——森林和土壤、阳光和雨水、河流和山峰，循环的四季、野生花草和野生动物——所有这些从来就存在的自然事物，支撑着其他的一切。人类傲慢地认为'人是一切事物的尺度'，可这些自然事物是在人类存在之前就已存在了。这个可贵的世界，这个人类能够评价的世界，不是没有价值的；正相反，是它产生了价值——在我们所能想象到的事物中，没有什么比它更接近终极存在"①。

人类对于自然的尊重应当跳出人类社会来评价和构建道德系统，提倡对于地球的生态系统和生物多样性的关注，人类追求的应当是人和自然之间的协同进化。这种协同进化首先要求人类摒除将自身作为伦理评判准则的思想；其次是将人置于自然家庭中，人是自然的一部分，人的道德标准是由自然决定的，将社会人道扩大到自然之中，一切物种都有自己的权利；最后是消除人和自然的任何固定界限，要求消除主体和客体、人和自然的固定界线，只有这样才能真正地尊重自然。

二、顺应自然原生的发展规律

自然界的运动和发展是遵循一定的规律的，这种规律推动着自然界不断地优化和升级。生态系统的形成是自然界的进化产物，也是人类文明出现和发展的前提条件，生态系统的结构状态和运动状况决定人类文明的生死存亡。历史上许多辉煌文明的湮灭就是因为同自然系统的结构和状态产生了不可调和的冲突。人类是生态系统的一个重要组成部分，在生态系统中占据着重要的位置，人的生产劳动区别于动物的活动，人的活动能够对生态系统的机构和运行状况产生影响，但是不能够从根本上改变生态系统的结构和状况。生态系统是人类文明赖以生存和发展的必要前提，生态系

---

① 罗尔斯顿. 哲学走向荒野 [M]. 刘耳，叶平，译. 长春：吉林人民出版社，2000：9.

统不仅孕育了人类文明本身，还决定着人类文明以怎样的状态和是否能够继续存在的问题。人类文明是以生态系统作为基石的，那么生态系统的特性、规律不可避免地成为人类文明发展的基本依据，需要我们顺应自然界内在的发展规律。

生态系统是大自然的杰作，生物群体通过与环境进行物质、能量和信息的交换，形成了循环的统一整体，在一定的时间和空间状态下，生物和非生物相互作用、相互依存成为一个复杂的动态整体。人类文明发展就是"人—社会—自然"之间组成的符合生态系统发展的缩影，是各种生态因素普遍联系、相互作用形成的有机整体。生态系统中的完整性决定了生态系统的功能性，任何对于生态系统的破坏都将导致整体功能的部分或者整体丧失。萨克赛曾经指出："人们在生态学中把环境设想为一个包罗万象的壳子，其中的小环境随着进化的发展相继被占据。人们可以看到生物的阶段是如何交错在一起的，每个阶段又如何对另一些阶段起作用。生态学的考察方法是一个很大的进步，它克服了从个体出发、孤立的思考方法，认识到一切有生命的物体都是某个整体中的一部分。"①

从生态学的考察方法来看人类社会首先是属于自然界的，因此，人类的文明模式也是自然界的产物，人类在文明模式下的任何活动都是以直接或者间接的方式影响到生态系统中的其他因子从而影响到自身的。人类的文明模式应当遵循生态系统的整体性模式，人类的生产活动要同时兼顾生态系统的各个要素，生态系统中各个要素之间的相互联系和作用，实现了人类的整体利益和生态系统发展的协调统一。生态系统的整体性通过两个方面表现出来：一方面是生态系统的物种相互之间通过食物链进行链接；另一方面是生物体通过周围的无机环境所提供的物质、能量和信息来维持系统的稳定性和整体性。

人类是生态系统的一部分，人类文明的生存和发展依赖并受制于生态系统，无论人类文明发展取得了怎样大的成功，都必须以一定的生态环境作为物质基础。生态系统中的各个要素无时无刻不在进行着物质、能量和信息的交换，这种交换维持着生态系统的良性循环。人类文明的发展模式同样要遵循生态系统的循环规律。因为这种循环性是生态系统能够良性运转的必要条件，正是系统中这种经常性的物质、信息和能量的循环，人类

---

① 汉斯·萨克赛. 生态哲学［M］. 文韬，佩云，译. 北京：东方出版社，1991.

文明才能够融入生态系统的良性循环。生态系统的循环性要求人类文明的发展必须控制在一定的范围内，人类活动不能影响到整个生态系统的进程，如果只为人类自身利益而严重破坏了生态环境的系统性，人类最终将受到自然的惩罚，文明也会随之灰飞烟灭。比如，楼兰文明，在人类文明史上取得了辉煌的成就，但是由于人类违背自然规律，楼兰文明最后却消失了。因此，保持生态系统的循环性特征是维持人类文明持续性的基础，也是生态系统最为重要的特质。

白革村

三、遵循自然持续发展的域值

　　生态系统有一种自我恢复的能力，这种能力使自然系统趋于一种稳定或者平衡，通过系统内的要素重新协调，达到生态系统的自我调节。生态系统借助自我调节的过程，能够使系统的要素适应物质和能量的输入输出变化，这就是生态系统的弹性。但是这种弹性是有一定范围的，在这个范围内的生态系统对于外界的干扰能够进行自我调节而保持平衡，如果超过了这个平衡态，自然系统就会遭到破坏，这个平衡态就是生态系统的域值或限度。生态系统的域值要求人类文明的规模和速度不能够超过大自然的承载能力，如果超过承载能力就会使得生态系统的结构和功能遭到破坏，从而最终影响人类文明的有序发展。工业文明对自然的破坏作用已经到了很严重的程度，但是这种自然界的破坏不是人类文明发展的必然结果，这是人类文明的非生态化发展的后果，是人类文明违背生态系统发展规律的必然结果。

自然系统由丰富的生物群落组成了特有的生态利益共同体，这种利益共同体下的生物之间相互联系、相互影响，形成了一个统一的有机整体，对于这个有机整体的某一个环节或者要素的破坏，将影响到有机整体的协调发展。生态整体和谐原则就是要在人类与自然的关系中秉承共生共荣、和谐发展的理念。人类是自然的操纵者，同时也是自然界的一个要素，人类的命运同自然界的命运是息息相关的，人类的生存和发展、人类文明的继承和前进，都是以生态系统正常、健康地运转作为保证和前提的，人类发展必须遵循生态整体的原则，才能够化解生态危机。生态整体和谐原则要求人类把长期利益和短期利益相结合，自然界平衡发展是人类社会生存和发展的前提，如果人类社会以自然界的破坏作为代价来追求社会的生存和发展，那么人类的可持续只能是海市蜃楼、昙花一现。生态整体和谐原则要求人类从生态整体利益的出发点来衡量人类发展的利益，在人类长期利益和短期利益之间找到平衡点，在维护人类长期利益的原则下来追求人类的生存和发展。整体和谐原则同样在处理人与人、区域与区域、国家与国家之间的利益关系中发挥着重要的作用。

生态文明理念之内容要求人类文明的发展模式必须同生态系统的规律性相适应。生态文明的发展就是将经济、社会和自然环境协调起来发展，追求的是人与自然和谐共生，这个过程是经济水平不断提高的过程，是一个既满足当代人的需要，又不会对后代人满足需要的能力构成破坏的过程。人类文明只有尊重人与自然的平等地位，顺应自然内生的发展规律，保护自然持续发展的阈限，才能实现人和自然的和谐共生，实现人类文明的持续发展。

5

天蓝、地绿、水净：美好家园现实之写照

家是我们人生的起始点，也是我们共同生活的地方，更是我们最后的天堂。鲁迅就曾这样描述："家是我们的生所，也是我们的死所。"因此，保护家园，建设"美丽中国"就成为我们每个炎黄子孙应尽的职责。

"美丽"和"中国"是我们日常生活中经常遇到的词汇，但是，当这两个词组合在一起出现在十八大报告中时，便引起了人们的广泛关注。建设美丽中国是十八大报告中描绘的美好蓝图，也是人们对于未来家园的美好期待。作为生态文明建设的具体目标，我们现在面临什么样的现实情况？未来一段时间要达到什么目标？又需要在哪些方面作出努力？

十八大报告中用"天蓝"、"地绿"、"水净"这三个富有诗意的词描绘了"美丽中国"的美好图景，除此之外没有其他更具体的数字作为参考。查阅最近公布的关于现实状况的统计数字，我们不禁要对未来的这些美好愿景产生一丝担忧。值得欣慰的是，近期相关各部委公布的规划中，给我们描述了一个可以被量化、可以被期待实现的美丽中国。

一、天蓝，关键是要看空气质量好不好*

一直以来，我国都以 PM10 作为空气质量的衡量指标，这与西方发达

---

*　焦点访谈．数说美丽中国：新目标，新蓝图（三）［DB/OL］．2012 – 12 – 02 ［2012 – 12 – 03］．http：//news. cntv. cn/2012/12/27/VIDE1356610139782179. shtml.

国家采用的 PM2.5 存在很大差异。按照世界卫生组织于 2005 年提出的指导限值，PM2.5 的年平均值 35 微克/立方米为达标。按照这一标准，现在我国有 70% 的城市不达标，环境保护重点城市有 80% 不达标。根据中国科学院分布在京津冀区域的 15 个 PM2.5 监测站的监测数据统计显示，2013 年以来，仅 1 月份京津冀地区就发生了 5 次严重的雾霾污染天气，每次持续时间从 2 天到 6 天不等。专家分析其原因，"就北京而言，机动车为城市 PM2.5 的最大来源，约占 1/4。其次为燃煤和外来输送，各占 1/5。油气挥发和局地烹饪排放近年来有快速上升趋势，应加紧控制，工业和地面扬尘应进一步改善"①。

环境保护部、国家发展和改革委员会、财政部于 2012 年 12 月 5 日正式公布了我国第一部综合性大气污染防治规划——《重点区域大气污染防治"十二五"规划》，其中划定了包括京津冀、长三角、珠三角等 13 个大气污染防治重点区域，涉及 117 个地市级以上城市。这些区域占全国 14% 的国土面积，集中了全国近 48% 的人口，大气污染强度却是全国平均水平的 2.9～3.6 倍。严重的大气污染已经成为制约我国重点区域经济社会发展的瓶颈。对于未来的发展，《重点区域大气污染防治"十二五"规划》要求，到 2015 年，我国重点区域 PM2.5 年平均浓度下降 5%，京津冀、长三角、珠三角区域要下降 6%。这是第一次从国家层面明确提出 PM2.5 治理的时间表。而为了实现这一目标，现在 PM2.5 超过 5～10 微克的地方可能 5 年就能达到，超过 10～30 微克的地方需要 10 年左右的时间，超过 30 微克以上的地方则需要 15～20 年才能达标。

为改善当前的空气污染状况，我们需要开展以提高空气质量为重点的污染治理工程。转变观念，改变生活方式，尽量用气、电等生活燃料替代传统的煤燃料，以此严格控制各类大气污染物的排放；控制和整治机动车尾气污染，实施公共交通清洁能源改造；有效控制城市噪声；综合利用固体废弃物；开展整脏治乱工程。②

———————————

① 中科院．机动车、采暖和餐饮排放对北京强霾"贡献"超 50%［N/OL］．新华网，2013－02－03［2013－02－04］．http：//news. xinhuanet. com/fortune/2013－02/03/c－114597958. htm.

② 蒋星恒．走进生态时代：贵阳市建设生态文明城市读本［M］．贵阳：贵州人民出版社，2008：143～147.

西海丽景

二、地绿，就是要看植被覆盖率高不高

从整体上看，我国是一个缺林少绿、生态脆弱的国家。芬兰、日本、韩国、印尼等国的森林覆盖率都在60%~70%，是世界上绿化较好的国家，而我国作为世界人口大国，森林蓄积量少，经过多年的努力，到2012年森林覆盖率才达到20.36%，这使得我国1/3的国土存在不同程度的水土流失，1/4的国土荒漠化、石漠化和沙化问题严重。[①] 水土流失带走了大量的氮、磷、钾等营养元素，直接导致土地退化，加重了生态退化地区的贫困程度，影响了我国建设小康社会的步伐。

面对这一窘境，在十八大报告出台不到10天，2012年11月27日，住房和城乡建设部就出台了《关于促进城市园林绿化事业健康发展的指导意见》。该指导意见要求，各设市城市、县城要在2015年年底前完成绿地系统规划的编制或修订工作，并纳入城市总体规划依法报批；到2020年全国设市城市要对照《城市园林绿化评价标准》完成等级评定工作，达到国家Ⅱ级标准，其中已获得命名的国家园林城市要达到国家Ⅰ级

---

① 萧谷. 我国森林覆盖率提前两年实现20%目标，已达到20.36% ［N/OL］. 人民日报，2012 – 03 – 28 ［2012 – 03 – 29］. http：//env. people. cn/GB/17518587. html.

标准。① 而按照这一标准，就意味着我国达到Ⅰ级标准的城市绿化覆盖率要超过36%，达到Ⅱ级标准的城市则要超过40%。

为了达到国家绿化发展的要求，首先，天然林保护、退耕还林、"三北"防护林体系建设和防沙治沙等重点生态工程要持续开展。其次，要打破部门和区域界线，借鉴国外的成功经验，加深对土地复垦的认识与理解。美国、澳大利亚等国家，将矿区的复垦定义为对采矿引起的退化的矿区生态系统，通过重整地形和地表土，采取植被或其他适宜的土地利用方式，恢复其生态平衡的过程。同时将矿区周边受影响范围纳入矿区植被保护与生态恢复的范畴，整体规划、全面治理。② 再次，要充分发挥政府的主导作用，与企业之间划分事权、明确职责。要统筹规划，分步实施。按照植被破坏的程度、面积、地域分布等情况具体提出植被与生态恢复的规划，然后科学、合理地分步骤实施。最后，还要建立生态补偿的政策措施，组建专业的指导团队，建立生态恢复的长效机制。

三、水净，要看水污染严重不严重

水是维持所有生物生存的必需资源，任何生物的生产和生活都离不开水，水是实现人类社会可持续发展的关键。现阶段，随着经济社会的快速发展，生产生活对水的需求不断增长，水环境保护的压力也在逐步增大。有统计表明，我国每年污水排放量600多亿吨，其中80%未经适当处理直接排入自然水体，导致我国几乎所有的水体均受到不同程度的污染，有1/3的河流、3/4的主要湖泊、1/4的沿海水域遭受严重污染。目前，我国水污染的主要特征是：城市水污染状况无根本性改善；农村水污染状况迅速恶化；湖面、河面污染异军突起；饮用水源破坏严重，社会问题浮出水面。③

---

① 周芬棉. 促进城市园林绿化事业发展指导意见发布，严禁将城市公园绿地进行经营性开发 [N/OL]. 法制网，2012 - 11 - 27 [2012 - 11 - 28]. http://www.legaldaily.com.cn/index/content/2012 - 11/27/content - 4016397. htm?node = 20908.

② 贾治邦. 生态建设与改革发展：2007 年林业重大问题调查研究报告 [M]. 北京：中国林业出版社，2008：245.

③ 中国社会科学院环境与发展研究中心. 中国环境与发展评论：第 1 卷 [M]. 北京：社会科学文献出版社，2007：29～31.

2012 年 5 月，环境保护部等四部委联合发布了《重点流域水污染防治规划（2011～2015 年）》，该规划明确要求，到 2015 年，松花江、淮河、海河、辽河、黄河、太湖、巢湖、滇池等重点流域总体水质都要有所改善，三峡、丹江口等库区及上游总体水质要依然保持原来的良好状态。除此之外，此规划还强化了其他六项重大任务：加强饮用水源的保护、提高工业污染防治水平、系统提升城镇污水处理水平、积极推进环境综合整治与生态建设、加强近岸海域污染防治、提升流域风险防范水平，这些充分体现了我国今后对水污染的防治将会向精细化管理、多种污染并重、综合协同控制以及全面改善环境质量的方向转变。

对于人们而言，防治水污染，转变观念、树立惜水意识是最为重要的；此外，合理开发水资源，避免水资源破坏则是从源头上保护水资源的重要举措；还要注重水资源利用的中间环节，提高水资源利用率，减少水资源浪费；同时要加强水资源的污染防治工作，实现水资源的综合利用。

未来的美丽中国，天应该是蓝的，地应该是绿的，水应该是清的，生活在其中的人们与自然应该是和谐共生的。过去工业文明盛行的二百多年里，人类已经空前地消耗了地表和地下资源，生态系统遭到严重破坏。如果人类继续肆无忌惮地向自然索取，那么地球上的最后一滴水将会是人类悔恨的泪水。十八大报告中指出"把生态文明建设放在突出地位，融入经济建设、政治建设、文化建设、社会建设的各方面和全过程"，这是时代的要求，更是民意的体现。从征服自然转向尊重自然、顺应自然，从掠夺自然转向爱护自然、保护自然，这是历史的必然，也是我们未来行动所必需的。

延伸阅读

　　2013 年 7 月 9 日，赵建军教授接受《中国纪检监察报》采访，对"中国梦题中之义：天蓝、地绿、水净"谈了谈自己的看法，欢迎读者扫一扫右侧二维码查看详细报道。

第三章

新挑战：建设生态文明的现实考验

谁抹黑了美丽中国

建设生态文明面临的严峻挑战

全球气候变暖带来的挑战

绿色发展面临的挑战

建设生态文明是一个只有起点没有终点的世代工程

1

谁抹黑了美丽中国

2012 年，中国共产党第十八次全国代表大会提出，大力推进生态文明建设，努力建设美丽中国，实现中华民族永续发展。实现美丽中国，建设生态文明正在成为社会各界的共识，生态文明建设的法规和政策体系正逐步建立，节能减排、循环经济、绿色经济、生态保护、应对气候变化等方面的工作也在全面推进，约束企业排污的标准正越来越严格。但是，也应该看到：一些地方政府以发展经济为名，对企业的排污监管不到位，中国环境污染程度不但没有改善，反而愈发严重，我们背负的生态赤字越来越严重。那么，中国的环境状况到底如何呢？又是谁在抹黑我们的美丽中国？

据中国气象局的数据显示，2013 年以来，全国平均雾霾天数为近 52 年来之最，安徽、湖南、湖北、浙江、江苏等 13 地均创下"历史记录"。最新出炉的《中国环境发展报告（2014）》也指出，自 2012 年年底开始，持续的雾霾污染已蔓延中国 25 个省区市，有 100 余座大中城市不同程度地出现雾霾天气，约 8 亿人口受到波及。中国的大气污染不仅仅局限在京津冀地区，而且长三角地区、内陆城市都很严重。治理雾霾天气既是保护我们每一个人的身体健康，也是党和政府带领全国人民实现美丽中国的开端，因此，必须要走好这一步。

雾霾天气是一种大气污染状态，是对大气中各种悬浮颗粒物含量超标的笼统表述，尤其是 PM2.5（空气动力学当量直径小于等于 2.5 微米的颗粒物）被认为是造成雾霾天气的"元凶"。那么，导致雾霾的罪魁祸首是谁呢？有人说是汽车尾气，有人说是工业排放，还有人认为是建筑工地和道路交通产生的扬尘。雾霾是由多种混合污染源共同作用而形成的，不同污染源的作用和程度各有差异。最新的数据显示，北京雾霾颗粒中机动车尾气占 22.2%、燃煤占 16.7%、扬尘占 16.3%、工业占 15.7%。仅仅靠控制机动车排放是难以避免雾霾天气的，对于机动车尾气排放还要从提高油品的质量、提高汽车尾气排放标准、汽车生产企业加强环保达标管理和环保关键部件的质量控制等方面多管齐下。经常可以在城市的道路上看到这样的现象：一些冒着黑烟的公交车疾驰而过，还有一些重型卡车、专用罐车、搅拌车、推土车等特种车也排放着滚滚黑烟。

在工业排放污染中，主要集中在火电、冶金、钢铁、化工、机械、建材等行业，这些行业排放了大量的二氧化硫、氮氧化物、烟（粉）尘等污染物，是各地大气污染的主要源头之一，其中以煤炭为主要能源的工业和民用的燃烧排放更是造成大气污染的直接原因。煤炭在开采、贮存、运输、使用的过程中不仅会造成大气污染，还有其他的污染表现，如导致土地资源的破坏及生态环境的恶化、破坏地下水资源等。所以，绿色和平环保组织一直呼吁世界各国重视燃煤造成的环境恶果，立即减少并逐步放弃煤炭的使用。中国作为世界上最大的煤炭生产国和消费国，更应该减少对煤炭的依赖，积极开发清洁能源。一方面要淘汰一批高投入、高消耗、高污染的企业，另一方面还要对现有工业重点污染源进行废弃物治理，通过脱硫、脱硝和除尘等技术改造，力争实现达标排放，为公众创造一个适宜居住的、健康的空气环境。

银川，沙尘天气中出行的人 *

* 西北多省遭遇沙尘暴 ［OL］. ［2013－03－10］. 荆州新闻网. http://www.jznews.com.cn/comnews/system/2013/03/10/010832185.shtml.

此外，城市的扬尘也是雾霾天气的祸根。由于当前中国新型城镇化加速，很多地方政府纷纷开展造城运动，加上旧城改造以及城市的基础设施建设，城市的建筑扬尘以及二次扬尘的危害还远远没有引起人们的关注。事实上，在城市大规模扩张时，各地房地产市场的热潮导致大量造新房、拆旧房，还有道路拓宽，建立交桥、地铁，各种管网的铺设等，众多的建筑工地扬尘污染是造成雾霾的一个重要因素。特别是北方城市的土壤质地较易生成颗粒性扬尘微粒，加上降雨较少，不仅春夏之际扬尘四散，而且秋冬季同样四处扩散。即使有些工地在施工过程中做过湿化处理，还有一些城市每天对主干道采用洒水降尘，但是效果毕竟有限，不能从根本上解决问题。更何况绝大部分施工单位缺少环保意识，为了赶工期故意违规作业，导致城市中心空气污染严重。城市周边的郊区由于时有燃烧垃圾、树叶、秸秆等情况也大大影响到城市的空气质量，所以我们经常可以感到大中城市的空气污染要比一些小城市、乡村的污染要严重得多。

如果仅仅把抹黑美丽中国的板子打在工业排放或者汽车尾气排放上显然是不公平的，或者仅仅把某地的雾霾归结于某地自身的原因也是认识不清，但是无论怎样，减少污染源的确是解决雾霾的根本之道。治理雾霾需要政府加大投入、尽快立法和加强监管，企业也要切实担负起自身的社会责任，同时公众也要倡导绿色环保的生活方式，积极参与到雾霾的防治行动中。公众能够在发挥监督作用、自觉践行节能减排和积极建言献策、营造舆论氛围等方面为赢得"雾霾阻击战"作出自己的一份贡献。更多的人传播低碳、环保的理念，传递低碳、环保的正能量，用自己的实际行动参与到大气的防治中，从身边的小事做起，如低碳出行，尽量选择公共交通工具，减少日常生活的煎炒烹炸，少吃路边小吃摊上的烧烤等。公众参与是我们是否能够享受到清洁空气的关键，我们每一个人都不能袖手旁观，只有全民参与才能打赢这场硬仗，才能呵护我们头顶上的同一片蓝天，才能使美丽中国的梦想得以实现。

延伸阅读

2013 年 7 月 2 日，赵建军教授接受《中国民族报》采访，对"推进生态文明，建设美丽中国"谈了谈自己的观点，欢迎读者扫一扫右侧二维码查看详细报道。

2

建设生态文明面临的严峻挑战[*]

我国生态文明建设，是在中国优秀传统文化的基础上，在经济社会和自然环境的现实条件下，通过价值观、生产方式和生活方式的转变，使广大人民创造性的、生态化的实践活动最终得以实现。建设生态文明，我们面临着一系列挑战。

一、人类文明的发展与代价

人类文明的发展历史是以物质资料生产为纽带的自然史和人类史相互适应和促进的社会进步过程。人类通过认识自然、利用自然而促进人的自身进化与发展。人类文明迄今为止经历了三个阶段：原始文明、农业文明和工业文明。每一次文明的更替都是人类对自然的认识、利用和改造能力提高的表现。目前，人类社会正处在由工业文明向生态文明的转型期。不同的文明形态体现出人与自然关系的不同状态。

原始文明是人类早期的以渔猎、游牧为主要生产、生活方式的生存状态。人受制于自然界，对自然的影响十分有限，既受到自然界的恩惠又受到自然界的威胁，从而产生了对自然界的敬畏和崇拜，在这种盲目、自发的崇拜基础上，生态环境保持着平衡。

农业文明是人类发明了石器、青铜器特别是铁器之后，以农耕和动物驯养为主要生产方式；以定居，形成村落、城镇为主要生活方式的小

＊ 本文部分内容原载深圳大学学报：人文社会科学版〔J〕.2008（5）.原名为：生态文明的理论品质及其实践方式。

农经济状态。由于生产力有了一定的发展，人们依靠农耕、渔牧而生产，对自然也有了一定的认识，人同自然的关系处于一种较低水平的平衡。这个时期人对自然的影响开始逐步显现，生态环境的破坏只是局部的、短暂的，人与自然处在一种相对和谐的状态中。

工业文明是以蒸汽机的发明为标志，以机械动力代替人力、畜力为特征，以机器大工业为主要生产方式。城市开始建立并成为经济、政治、文化等活动中心，人类开始逐步摆脱自然界的束缚，过上富裕生活。近三百年来人与自然的对立和冲突由点到面，由局部扩展到全球。工业文明反映的是较高水平的生产力，社会依靠科学技术和机器大工业生产而发展，人类沉湎于改造自然和征服自然的狂热中，对大自然的征服和索取是强硬的、猛烈的、超量的，人和自然之间是一种对立的、不平等的关系。[①] 工业文明的迅速发展也给人类社会带来了两个不良后果：一方面，由于社会财富的不断增长和积累，人们的消费欲望得到极大满足的同时又激发了更大的消费欲望；另一方面，人口的高速增长和经济发展模式的错误选择，造成了资源枯竭、污染严重。特别是 20 世纪以来，西方国家现代化的实现和发展中国家的现代化提速，人类和自然的冲突变得更加剧烈。全球气候变暖、臭氧层破坏、水土大量流失、空气和水严重污染、森林减少、土地沙化、碱化和退化、物种灭绝等一系列严重问题，伴随着工业全球化进程的扩张，逐渐成为困扰人类的全球性问题。全球生态危机的凸显使得传统工业文明走到了尽头，也使得发展中国家模仿发达国家工业化的脚步放缓，开始审视工业文明对整个人类进程和自然环境的影响。人类在对自身和自然环境思考的基础上开始反思整个文明的进程，全球生态危机的出现已经给人类敲醒了警钟：工业文明给人类带来的只是表面的繁荣，最终会导致文明衰落。人类必须走生态文明之路。生态文明是人类社会继原始文明、农业文明、工业文明后的新型文明形态。生态文明是以可再生的生物能源代替化石能源为主要标志的未来人类与自然和谐相处的文明社会。生态文明是经济、社会、自然可持续发展的社会，是循环经济的社会和资源节约、环境友好的社会。目前，人类文明正处在由工业文明向生态文明的过渡之中。

---

① 焦金雷. 生态文明：现代文明的基本样式 [J]. 江苏社会科学，2006（1）.

二、中国建设生态文明面临的挑战

（一）我国生态环境恶化的演变过程

在中国 5000 年的历史中，环境问题一直伴随着中华文明发展的脚步。滥伐森林、水土流失和土地沙漠化等问题也一直困扰着中华民族的生存。新中国成立前，以上海为首的沿海一带的城市就出现了一系列的环境问题，但是大规模的环境污染问题是在新中国成立后逐步凸显的。

改革开放前，我国的环境问题尚不突出，但由于政府对工业生产对环境的危害性重视不够，片面追求生产，没有把环境保护纳入政府工作，致使工矿企业的废水、废气和废渣排放不受监督和约束。"大跃进"时代，在"赶超英美的路线"的指引下，大批的简陋设备影响了生产的效益，同时对环境造成了不可挽回的损害。

改革开放后，经济增长是国家新的发展目标，由于各级政府的发展观念和思路的偏差，出现了注重 GDP 轻视环境保护的粗放型的发展思路，从沿海到内陆的不同地区出现了不同程度的环境污染问题，另外，随着全球经济一体化进程的加快，许多"洋垃圾"被一些地区作为致富手段引进来，加剧了我国生态环境的恶化。

（二）我国生态文明面临的主要问题

1. 生态意识淡漠

所谓"生态意识"，是指人们在把握和处理人与自然环境的关系时应持的一种健康、合理的态度和理念。其要义在于，维护生命的权利，顺应自然规律，谋求与自然的和谐关系，保证自然系统的良性循环和动态平衡。长期以来，人类中心主义的强化，功利主义的使然，以及错误的认识致使人们把征服、掠夺自然作为理所当然的人类行为，甚至标榜为现代化的楷模，无视自然的价值，环保意识淡漠。我国尚无规范化的环境宣传教育体制，各级环境宣传教育工作的职责、机构、队伍和工作机制不够统一，建设资源节约型和环境友好型社会的观念尚未深入人心，环境宣传教育工作的理论指导和实践效果滞后于当前社会环境保护的需要。

2. 资源瓶颈突出

从资源禀赋看，我国是总量上的大国，人均上的贫国。一方面，资源品种丰富，但数量有限。我国的水资源和煤炭资源分别位居世界第一和第三，然而优质化石能源相对不足，石油和天然气资源的探明剩余可采储量仅列世界第十三位和第十七位，人均资源更是远低于世界平均水平，煤炭、耕地、水、天然气和石油分别只占世界人均水平的79%、40%、25%、6.5%和6.1%。[①] 另一方面，森林覆盖率低，且分布不均。十一五末我国森林覆盖率为20.36%，远低于29.6%的世界平均森林覆盖率，人均森林面积为1.2公顷，只相当于世界平均水平的1/6。大部分森林集中在东北和西南，东北的森林蓄积量占全国的31%，西南占全国的44%，而上海市、青海省、宁夏回族自治区和新疆维吾尔自治区的森林覆盖率却低至4%，森林覆盖率最低的青海省仅为0.35%。[②] 数量的有限性和分布的不平衡性加剧了我国人口与资源之间的矛盾。目前，我国正处在工业化和城镇化加快发展的阶段，正是资源消耗强度加大的阶段，将加剧资源短缺的矛盾。

知识链接3　我国已确定69个资源枯竭城市[*]

　　我国已经分三批界定了69个资源枯竭城市，以及参照享受政策的9个县（市、旗、区），如大小兴安岭林区。这些城市历史上作为国家的能源和原材料保障基地，为国民经济建设作出了重大贡献。由于资源枯竭，目前普遍面临着"矿竭城衰"、产业结构单一、生态环境破坏严重、就业维稳压力大的困境，迫切需要国家给予支持。据了解，中央财政累计下达财力性转移支付资金303亿元，其中2011年支付资金135亿元，为资源枯竭城市增强公共保障能力发挥了重要作用。

① 中国人民大学气候变化与低碳经济研究所. 低碳经济：中国用行动告诉哥本哈根 [M]. 北京：石油工业出版社，2010：84.

② 陈声明，吴伟祥，王永维，等. 生态保护与生物修复 [M]. 北京：科学出版社，2008：38.

* 我国已确定69个资源枯竭城市 [DB/OL]. 中国经济网，2011 - 12 - 28[2012 - 01 - 15]. http://district.ce.cn/newarea/roll/201112/28/t20111228_ 22956205.shtml.

三批资源枯竭型城市名单如下：

第一批：阜新市，盘锦市，辽源市，白山市，伊春市，大兴安岭地区，萍乡市，焦作市，大冶市，个旧市，白银市，石嘴山市。

第二批：张家口市下花园区，承德市鹰手营子矿区，孝义市，阿尔山市，抚顺市，北票市，辽阳市弓长岭区，葫芦岛市杨家杖子，葫芦岛市南票区，舒兰市，九台市，敦化市，七台河市，五大连池市，淮北市，铜陵市，景德镇市，枣庄市，灵宝市，黄石市，潜江市，钟祥市，资兴市，冷水江市，耒阳市，合山市，万盛区，华蓥市，铜仁市万山特区，昆明市东川区，铜川市，玉门市。

第三批：石家庄井陉矿区，霍州市，乌海市，包头市石拐区，通化市二道江区，汪清县，鹤岗市，双鸭山市，徐州市贾汪区，新余市，大余县，新泰市，淄博市淄川区，濮阳市，松滋市，涟源市，常宁市，韶关市，贺州市平桂管理区，昌江县，重庆市南川区，泸州市，易门县，潼关县，兰州市红古区。

3. 环境污染加剧

当前，我国生态环境总体恶化的趋势尚未得到根本扭转，环境污染日益严重。我国的污染物排放总量大，二氧化硫排放量、能源消费量和二氧化碳排放量均居世界第一位，有机污水排放量相当于美国、日本和印度排放量的总和，单位 GDP 污染物排放量是发达国家平均水平的十几倍。水污染方面，全国约 1/3 的水体丧失了直接使用功能，重点流域 40% 以上的水质没有达到治理要求，流经城市的河段普遍受到污染，不少地方出现了有河皆干、有水皆污的状况，近海水域赤潮接连发生。全国大、中城市浅层地下水不同程度地遭受污染，其中约一半的城市市区地下水污染较严重。河北平原和长江三角洲等重要农业开发区，浅层地下水已出现面状污染态势。[①] 大气污染方面，当前中国大气污染物排放总量居高不下，2010 年全国二氧化硫排放量高达 2100 万吨，烟尘排放

---

① 2008 年中国污水处理行业研究咨询报告 [DB/OL] . 中国产业研究报告网，2008 – 07 – 14 [2011 – 10 – 12] . http://www.chinairr.org.

量 1400 万吨，工业粉尘排放量 1300 万吨，是世界上大气污染最为严重的国家之一。在实行环境统计的 300 个中国城市当中，70% 处于或超过大气环境质量三级标准。固体废物污染日益突出，城市生活垃圾无害化处理率低，农药、化肥的不合理使用，使农村环境问题日益严重。生态环境恶化，水土流失严重，森林生态系统质量下降，生物多样性锐减，生态安全受到严重影响。

4. 生产方式粗放

从单位产品实物量能耗、物耗的绝对水平来看，与世界先进水平甚至平均水平相比，我国经济增长方式的粗放特征依然十分突出。我国矿产资源总回收率仅为 30%，比世界先进水平低 20 个百分点。中国每创造一美元的产值，平均耗能是工业发达国家的 4～5 倍。从总体上看，经济增长方式远未实现全局性、根本性的转变。

5. 法规监管缺位

环境保护政策不配套，缺乏连续性和协调性，没有形成长效运行机制。环境保护执法不严、监管不力、有法不依、违法不究的现象普遍存在，投入不足、欠账过多，环境治理明显滞后于经济发展。环境监管机制的职责权限不明确，权力和责任脱节。在现实执法中，环境行政执法权力和责任制尚未有效结合。由于监督者本身缺乏环境法律专业知识或自身素质不高，在履行监督职责时往往会造成不当执法、执法不到位或错误执法。而且，我国现阶段环境执法监督的民主性和透明度还不够，缺乏社会监督。

6. 环境保护投入长期"欠账"

有关数据显示，我国环境保护投入，占 GDP 的比例"七五"时期是 0.7%、"八五"时期是 0.8%、"九五"时期达到 1%、"十五"时期是 1.2%、"十一五"时期约为 1.35%，但相对于 GDP 近两位数的增长率明显偏低。根据国外的一些经验，如果环保投入、污染治理投入占 GDP 的 1.5%，大体上就能控制；如果超过 2%，就能够改善。

在经济快速增长的背后是环境污染加剧、自然灾害频发、经济社会发展失调等问题。环境问题，特别是人与自然之间的矛盾、冲突已经成为经济社会发展的薄弱环节，严重制约着中国现代化的进程。

3

全球气候变暖带来的挑战*

全球气候变暖已经成为全球人必须面对的事实。全球气候变暖的后果非常严重，2007 年 11 月 17 日，联合国秘书长潘基文发出警告："世界正处于重大灾难的边缘。"① 他呼吁各国政要必须付出更大的努力对抗全球暖化，并指出南极冰盖融化可能导致海平面上升 6 米，淹没包括纽约、孟买和上海在内的一些沿海城市。全球气候变暖主要是由人类活动引起的，发展中国家既是未来温室气体排放增长的主要来源，也是减排潜力最大的对象。面对严峻的现实，中国必须积极应对气候变化，控制温室气体排放，坚定不移地走可持续发展道路，为国际社会的节能减排目标作出应有的贡献。

一、全球气候变暖的表现

导致全球气候变暖既有自然因素（太阳辐射、火山活动、地形变化等），也有人为因素（化石燃料的大量使用、农业生产和植被破坏等），一个基本表现就是大气中以二氧化碳为主的温室气体（还有甲烷、氧化亚氮等）的浓度在急速提高。

---

* 本文部分内容原载研究生教育（内部刊物），2011（4）. 原名为：全球气候变化与可持续发展。

① 何洪泽，陈继辉，陈一，石华. 联合国秘书长警告：纽约孟买和上海将被淹没［N/OL］. 环球时报，2007 - 11 - 19［2011 - 10 - 20］. http://news. xinhuanet. com/world/2007 - 11/19/content - 7104689. htm.

科学研究表明，近年来全球变暖主要与人类活动大量排放的温室气体有关。联合国政府间气候变化专门委员会（Intergovermental Panel on Climate Change，IPCC）的第四次评估报告指出，近 50 年全球气候变暖有超过 90% 的可能性是人类活动引起的，主要是燃烧化石燃料造成的。

2012 年 11 月 20 日，世界气象组织在日内瓦发布了 2011 年《温室气体公报》。公报显示，2011 年全球大气中温室气体浓度创下新高。

2011 年《温室气体公报》显示，二氧化碳是大气中最重要的温室气体，2011 年大气中二氧化碳的浓度达到 390.9ppm（即百万分之 390.9），比 1750 年工业革命前的数值增长了 40%。其他主要温室气体的大气浓度在 2011 年也创下了新高。其中，甲烷和氧化亚氮的浓度分别比工业革命前的水平增长了 159% 和 20%。[①]

二、全球气候变暖带来的挑战——21 世纪人类面临的最大威胁

气候变暖所带来的危险和潜在的危害是显而易见的：冰川融化、海平面上升，众多沿海城市将被淹没，干旱洪涝频发，湿地、湖泊干枯，土地沙漠化，龙卷风、海啸以及山地灾害加剧等，都将影响到人类生存的家园和可持续发展的未来。

（一）气候变暖导致极端天气肆虐全球

2007 年政府间气候变化专门委员会在文件中指出，全球的极端天气事件已经变得更普遍了，其中包括暴雨、暴雪、大旱、热浪天气以及热带风暴。在个别地区，特定种类极端天气的增加被归因于全球变暖，如澳大利亚和欧洲的极度干旱。在北半球和全球范围内，平均降水和极端高温的增加也被归因于全球变暖。伴随全球气候变化，极端天气事件的种类、频率和强度将发生改变。世界气象组织日前表示，近期一系列灾害性天气事件与联合国政府间气候变化委员会报告的推测吻合，即在全球气候变暖的

---

① 张希焱. 世界气象组织《温室气体公报》显示 2011 年全球温室气体浓度创新高［N/OL］. 国际在线报道，2012 - 11 - 21［2012 - 11 - 30］. http：//gb. cri. cn/27824/2012/11/21/595153933193. htm.

气候背景下，极端天气事件有增多的趋势。

厄尔尼诺和拉尼娜现象是全球气候异常的最强信号，厄尔尼诺现象一般每隔 2~7 年出现一次。自从 20 世纪 90 年代以来，随着全球气候逐渐暖化，这种现象出现得越来越频繁了。全球升温会使海平面温度上升，在诱发厄尔尼诺之后又会产生拉尼娜。而且厄尔尼诺和拉尼娜的出现周期正在不断缩短。

2008 年冬天，我国发生了一场非同寻常的雪灾，这场雪灾横扫了华中、华东和华南，给中国的运输和能源网络带来巨大的压力。中国的农历新年正好处于暴雪天气最糟的几天，这种极端的天气和春运高峰撞在一起造成了混乱，数以万计归心似箭的旅客滞留在机场和火车站。

2010 年，中国的气候异常加剧，全年降水较多，季节和区域分布不均，旱涝灾害交替发生。全年气温偏高、季节偏晚，高温持续的天数创历史新高。极端高温和强降水事件发生频繁，强度之大和范围之广非常罕见，气象灾害造成的损失为 21 世纪以来之最。气象及其次生灾害造成了严重的经济损失和人员伤亡。

2011 年，极端气候盛行，七种极端天气为洪水、干旱、飓风、寒潮、龙卷风、热浪和台风，这是极罕见的。严重干旱、水灾和热浪席卷全球，温室气体排放量继续上升。2011 年是 19 世纪科学家开始记录天气以来 15 个极度炎热的年份之一，东非、墨西哥和美国出现历史性干旱，北大西洋飓风数量多于平均值，澳大利亚经历了最潮湿的两年。

从 2012 年 2 月席卷欧亚多国的强寒天气，到北京"7·21"的暴雨成灾，短短的半年时间，各种"几十年不遇"甚至"百年不遇"的极端天气频繁肆虐地球。

（二）全球气候变暖导致冰川融化和海平面升高

近几十年来，全球冰川正以有记录以来的最大速率在融化。据英国《卫报》报道，由于全球气候变暖和温室效应，地球上的冰川和冰架目前正在不断消融，而且速度还在进一步加快。仅在 21 世纪的前 9 年间，许多冰川、冰盖甚至冰架都相继消失了。冰川是地球上最大的淡水库，全球70% 的淡水储存在冰川中。冰川融化和退缩的速度不断加快，这意味着数以百万的人口将面临洪水、干旱以及饮用水减少的威胁。①

持续上升的海水给大洋上的小岛国拉响了警报。2002 年，最高海拔不到 4.5 米的南太平洋岛国图瓦卢就开始有计划地向邻国新西兰迁移国民。如果海平面按当前速度一直上升，一些南太平洋的岛国居民将在约半个世纪内成为"海洋难民"，被迫迁往其他国家。

（三）全球气候变暖危及人体健康和生命安全

气候变暖的结果之一是气候带的改变，热带的边界会扩大到亚热带，温带部分地区会变成亚热带。在世界上，热带非洲是传染病、寄生虫病的高发地区，是病毒性疾病的最大发源地。而温带地区的变暖，使携带这些病原体的昆虫和啮齿类动物的分布区域扩大，从而使那些疾病的扩散成为可能。

气候变暖的另一个结果是，适宜媒介动物生长繁殖的环境扩大，从而使细菌和病毒的繁殖期增加。研究人员认为，气候变暖有利于媒介昆虫的滋生繁衍，提早出蛰，并使其体内的病原体毒力增强，致病力增高。专家指出，全球气候变暖对人类健康最直接的影响是极端高温产生的热效应将变得更加广泛，由于高温热浪强度和持续时间的增加而导致的心脏、呼吸系统为主的疾病或死亡增加。

---

① 冰川融化速度加快，盘点全球冰川现状［DB/OL］．环球网，2012 - 06 - 01［2012 - 06 - 07］．http://baike.baidu.com/new/4905341.htm.

4

绿色发展面临的挑战*

"十二五"规划中明确提出要实行"绿色发展，建设资源节约型、环境友好型社会"。绿色发展是建立在生态环境容量和资源承载力的约束条件下，将环境保护作为实现可持续发展重要支柱的一种新型发展模式。

一、中国为什么要走绿色发展道路

中国在贯彻落实科学发展观、走可持续发展道路的今天，在"十二五"规划中明确提出要实行绿色发展，为什么会如此重视绿色发展？

（一）实施可持续发展战略需要实行绿色发展

可持续发展概念，包含了三个基本原则，即公平性原则、持续性原则和共同性原则；核心思想是在不降低环境质量和不破坏世界自然资源的基础上发展经济，并使后代能够享有充分的资源和良好的自然环境；目标是建立节俭资源的经济体系，从根本机制上改变高度消耗资源的传统发展模式。

绿色发展则将环境资源作为社会经济发展的内在要素；把实现经济、社会和环境的可持续发展作为绿色发展的目标；把经济活动过程和结果的"绿色化"、"生态化"作为绿色发展的主要内容和途径，提倡保护环境，降低能耗，实现资源的永续利用。因此，实行绿色发展是实现可持续发展

---

* 本文部分内容原载 2011 中国可持续发展论坛 2011 年专刊（一），原名为：中国绿色发展浅析。

的有效途径。

（二）破解日趋严重的生态问题需要实行绿色发展

伴随着工业化发展的道路，中国也如同世界其他工业化国家一样，生态环境问题日益突出，成了一个挥之不去的噩梦。越来越多的耕地、草原、森林及植被遭到破坏，造成大量水土流失、土地沙漠化、生物多样性减少、自然灾害、环境污染等方面的问题，并呈现出愈来愈严重的趋势；工业垃圾、城市垃圾与日俱增，包围了我国 2/3 的城市；碳排放量增多，大气污染严重。

由此可见，中国生态问题的愈演愈烈强烈呼吁实行和谐的绿色发展。

（三）摆脱目前的能源困境需要实行绿色发展

世界发达国家能源结构，现在正朝着高效、清洁、低碳或无碳的天然气、核能、太阳能、风能方向发展。相比而言，我国的能源具有"富煤、贫油、少气"的特点。此外，我国能源结构层次低下，属于"低质型"能源结构；能源利用率较低，单位产值的资源消耗与能耗水平明显高于世界先进水平；能源安全存在隐患，特别是石油进口已超过50%，世界能源供需格局的变化，以及时局动荡期间运输线路的通畅问题严重威胁着我国的能源安全。

在如此严峻的能源形势面前，我们只有尽快转变能源消费结构，改用高效、低碳的清洁能源，方能提高效率、减少污染、消除安全隐患。因此，绿色发展势在必行。

二、中国实施绿色发展面临的机遇与挑战

当前中国处于经济社会转型的新时期，很多因素都处于不稳定状态，这对于中国的绿色发展而言是一次机遇，但也会面临诸多挑战。

（一）中国实施绿色发展的机遇

1. 科学发展观日益深入人心成为中国绿色发展的思想保障

科学发展观蕴含着丰富的绿色发展理念。科学发展观的第一要义是发

展，强调全面协调可持续，就是要建设资源节约型、环境友好型"两型社会"，实现经济发展与人口资源环境相协调，实现经济社会永续发展。在当代，就是要大力弘扬生态文明理念和环境保护意识，使坚持绿色发展、绿色消费和绿色生活方式、呵护人类共有的地球家园，成为每个社会成员的自觉行动。科学发展观已经成为一面旗帜，日益深入人心，并落实在每个地区、每个单位、每个家庭。体现为节约能源资源和保护生态环境的法律和政策的制定，可持续发展体制、机制的形成，加快开发和推广节约、替代、循环利用和治理污染的先进实用技术，大力发展环保产业等的落实。

2. 国际间技术交流与合作是绿色发展的技术支撑

绿色发展需要绿色技术作为支撑。人们通常把节约资源、避免或减少环境污染的技术都称为绿色技术，包括环境工程技术、废物利用技术以及清洁生产技术等。[①]

技术作为当今世界经济的主要因素和国际市场竞争的主要手段，在各国、各地、各企业之间的发展是不平衡的，特别是经济全球化和信息化又加速了这种不平衡。这样，国际的技术交流与合作，即资源在全球内的重新配置成为必然。

近年来，中国通过与其他世界环境大国的合作，大力发展和不断加强对外经济技术交流，积极参与国际交换和国际竞争，为中国的环境管理和环境质量的改善带来机遇。中国的环境标准已逐步提高并与国际标准接轨，中国有更多的机会参与环境与发展的国际合作，促进环境友好技术的转移，使中国获得更多的国际社会的资金和技术支持。

我国现在掌握的部分绿色发展技术基本上与世界同步。如，绿色能源最重要的风电、核电、智能电网，以及低碳技术、高速铁路等，我国都具备跟世界一流国家竞争的优势（当然在关键技术领域仍有较大差距）。作为一个负责任的大国，要积极倡导绿色发展理念，参与到全球应对气候变化与能源危机的行动中来，加强与发达国家的技术交流合作，努力提升中国的绿色竞争力。

---

① 王建华. 以绿色科技创新为支撑，促进我国循环经济发展［J］. 科技与管理，2006（3）.

3. 健全的信息网络为绿色发展提供了信息平台

随着信息技术和互联网的蓬勃兴起，网络信息资源逐渐成为人们工作、生活、学习和科研中不可缺少的一部分。以往传统的环境管理模式和管理方法已经不能满足当前环境保护的实际需要。因此，进一步发展和完善我国信息网络，充分利用信息资源，对改善城市环境、各行业实现绿色发展有着重要的作用。信息化网络的健全，有助于建立有效的环境检测体系和应急系统，降低了突发事件造成的损失；使得环境管理突破了时间和地域的限制，保障所获取信息的准确性和完整性；能够有效地开展政府和公众之间的互动和联系，更好地保障公民的合法权益等。

环境信息化和社会信息化、企业信息化相互结合、相互补充，建立起了科学的环境检测系统、环境污染源和环境保护系统，通过信息化把整个国家的环境保护系统和社会关系有机结合起来，共同推动了社会的发展。

4. 区域与行业示范为绿色发展提供可资借鉴的模式

经济发展需要因地制宜、区别对待，那种不顾东西部地区的客观差异，忽视行业间的差别，主观地推行均衡发展的政策，实践证明是行不通的，推进绿色发展亦是如此。将部分地区和部分行业作为示范单元，对其采取特殊的政策，使其优先发展，以此树立先锋、总结经验，从而带动更多的地方、更多的行业更快、更好地发展。生态省（市、区县）、可持续发展实验区、环境模范城市、循环经济试验区、低碳城市、生态文明建设等试点示范，所取得的经验已经被越来越多的地方决策者所接受，开始吸引更多的目光，这种区域发展新理念正成为一股浪潮，席卷着神州大地。

在探索绿色发展的道路上，一些传统的资源城市，注重技术创新，提升资源综合利用率，形成了节能、减排、提升附加值的资源开发产业绿色链条，实现经济效益和社会效益的和谐统一；一些地方在发展举措上尊重科学、统筹安排，实现了特色产业发展与生态治理的双赢。行业示范增加了行业与行业之间的纵横融合、区域示范凸显了区域与区域之间的优势互动，在全国范围内形成行业联动和区域互动，大大提高规模效应、聚集效应和可复制的范本效应。

（二）中国实施绿色发展的挑战

1. 认识不清与观念落后

在绿色发展观念上，我国与西方发达国家相比仍存在着较大的差距。一方面，由于中国"绿色"理念是一个舶来品，加之环境保护工作起步相对较晚，特别是在社会宣传上力度不够，因此环保意识远没有得到广泛传播。大多数企业，特别是中小企业，对环境问题缺乏紧迫感和危机感。部分公众由于缺乏个人关注或信息来源的相对狭窄，使得他们对绿色发展的目标、内涵和要求都模糊不清，进而不会有意识地采取绿色生活方式。另一方面，政府的政策措施出台相对滞后。领导和政府的观念仍未转变，绿色发展的思想还没确立，政策决策部门难以制订出绿色发展的整体策略。

实践与认识的关系告诉我们：实践是认识的来源，认识对实践又具有反作用。中国绿色发展的实践活动中，认识绿色发展、了解其内涵、目的及最终目标乃是实现绿色发展行动的第一步。因此，加强认识，转变观念势在必行。

2. 传统经济增长方式转变的滞后性

中国经济增长方式的特点可以概括为"三高三低"，即高投入低产出、高消耗低收益、高速度低质量，是典型的粗放型经济增长方式。改革开放三十余年，虽然在经济增长方式上提出了"探索新路子"、"转变发展方式"等战略思想，但是，传统"三高三低"的增长方式却依然存在。

出现这样的情况，是因为经济方式的转变存在诸多客观因素。首先，特殊的资源结构使得粗放型增长方式得以产生和延续；其次，经济发展阶段的制约强化了粗放型增长方式的惯性；再次，重速度轻效益的思维定势拖慢了增长方式转变的步伐；最后，人口压力和就业问题成为经济增长方式转变的绊脚石。[①]

在未来中国经济发展中，传统的经济增长方式只能逐步实现转变，不可能在短时间内得到彻底的清除和改造。毋庸置疑，这不得不使中国的绿

---

① 曾亿武. 论我国经济增长方式转变的困难：基于路径依赖的分析视角 ［J］. 人文社科论坛，2010（5）.

色发展进程放缓脚步。

3. 国内总体技术水平相对落后

中国作为发展中国家，经济由"黑色"到"绿色"、由"高碳"到"低碳"转变的最大制约因素是整体科技水平相对落后，低碳技术的开发与储备不足。如，技术开发能力和关键设备制造能力较差，产业体系薄弱，与发达国家有较大差距。尽管《联合国气候变化框架公约》规定，发达国家有义务向发展中国家提供技术转让，但实际情况与之相比存在很大差异，在许多情况下，中国只得通过国际技术市场购买引进。据估计，以 2006 年的 GDP 计算，中国由高碳经济向低碳经济转变，年需资金 250 亿美元①，这对中国显然是一个沉重负担，这还不考虑短期内对经济增长的影响产生的巨大成本。另外，我国的科技创新进程较为缓慢。如，传统的科技创新观对绿色科技创新的制约；有关环境保护的法律法规不健全对环境管理造成的疏漏，进而影响企业绿色科技创新费用投入的信心。

---

① 任力. 低碳经济与中国经济可持续发展［J］. 社会科学家，2009（2）.

5

建设生态文明是一个只有起点
没有终点的世代工程[*]

大力推进生态文明建设是党的十八大报告的突出亮点之一，"建设美丽中国，实现中华民族永续发展"，让我们对中国的未来充满了希望和憧憬。同时中国处于工业化发展的中期阶段，要达到这个目标还需要很长的时间，把生态文明放在如此重要的位置，是否会影响我国的现代化进程。面对这样的疑虑，我们该怎样把握生态文明的内涵和实践？

一、生态文明是工业文明后的人类崭新文明形态

人类文明迄今为止经历了三个阶段：原始文明、农业文明和工业文明。目前，人类社会正处在由工业文明向生态文明的转型期。工业文明以人类征服自然为主要特征。近三百年来世界工业化的发展使人类征服自然的能力达到极致，一系列全球性生态危机说明地球再也没有能力继续支撑工业文明如此发展。20 世纪 70～80 年代，随着发达国家现代化的实现，臭氧层损害、全球气候变暖、生物多样性锐减、空气、水质、土壤污染等一系列的全球性环境问题开始全面爆发，而这一时期发展中国家的现代化提速，也使得人与自然的冲突和危机不断升级。

严峻的环境问题，使得国际社会开始关注和探寻全球的可持续发展。随着《寂静的春天》（1962 年）、《增长的极限》（1972 年）、《只有一个地球》（1972 年）等书籍的出版，1972 年人类环境会议的召开，以及1968 年"罗马俱乐部"、1971 年"绿色和平组织"的出现，国际社会达

---

　* 本文原载中国纪检监察报［N］. 2012 - 12 - 24. 原名为：观察·关注十八大生态文明建设系列谈之五：生态文明建设——只有起点没有终点的世代工程。

成了以下共识：资源是有限的；增长不等于发展；自然环境的可再生能力是人类生存的基础和文明演进的前提；必须彻底抛弃"大量生产、大量排放和大量废弃"的生产、生活方式，走可持续发展之路；1987 年联合国环境与发展委员会在《我们共同的未来》报告中系统阐述了可持续发展理念并得到国际社会的认可：当代人在满足自身需求的同时不对后代人满足其需求的能力构成威胁的发展。1992 年，在巴西里约热内卢召开的世界环境与发展大会通过了《21 世纪议程》，使得可持续发展从理念转向了实践。

推进可持续发展，就要建立一个超越传统工业文明的社会，这就是生态文明。生态文明是以人与自然、人与人、人与社会和谐共生、良性循环、全面发展、持续繁荣为基本宗旨的社会形态。生态文明是工业文明后的新型文明形态①。两者的显著区别是，工业文明是以石油、煤等化石能源为主要动力，以机器大工业为主要生产方式的文明形态。生态文明是以可再生能源代替化石能源为主要标志的未来人类与自然和谐相处的文明形态。支撑工业文明的化石能源是有限资源，大量使用会导致环境污染和资源枯竭，因而是不可持续的。可再生能源是用之不竭的，因而生态文明是可持续发展的社会，是循环经济的社会和资源节约、环境友好的社会。

二、建设生态文明是一个只有起点没有终点的世代工程

自人类诞生以来，人与自然的对象性关系就存在了，人与自然的矛盾也随着人类实践活动的加强而日益突出。原始文明时期和农业文明时期，人类敬畏自然，由于生产力水平不高，人不能很好地实现自我价值。工业文明时期，人类征服自然，虽然获得了巨大的物质财富，但人与自然的矛盾变得日益突出。而生态文明就是一种可以实现人与自然和谐，可以实现人全面发展的文明形态。这种文明形态的实现需要漫长的过程。因此，生态文明是人类要永远追求的目标、努力的方向，永无止境。生态文明建设只有起点，没有终点。

然而，生态文明建设又是一个不断实践、分阶段的伟大过程。从现在到 21 世纪中叶，大体可分为三个阶段：

①　姜春云. 跨入生态文明新时代［N］. 光明日报，2008 - 07 - 17（7）.

第一阶段是从现在到 2020 年，是我国全面建成小康社会的阶段。生态文明建设这一阶段的目标，就是资源节约型、环境友好型社会建设取得明显进展，资源约束趋紧、环境污染严重、生态系统退化的状况有所改变。

第二阶段是从 2020 年到 2030 年，是我国城镇化迅速发展阶段。生态文明建设在这一阶段的目标是，城乡一体化相互融合、交相辉映，生态环境恶化的趋势得到根本扭转，生产空间集约高效、生活空间宜居适度、生态空间山清水秀的格局基本形成。

第三阶段是从 2030 年到 2050 年，基本实现中等发达国家现代化。而在这一发展阶段，生态文明建设的目标就是绿色发展、循环发展、低碳发展的格局已经形成，天蓝、地绿、水净的美好家园已经建立，那时一个美丽中国的形态基本实现。

三、以制度建设为抓手建立生态文明建设长效机制

十八大报告中建设生态文明有许多新的提法，寓意深刻、任务艰巨、责任重大。比如，对资源环境现状的判断：我们面临着"资源约束趋紧、环境恶化严重、生态系统退化"的严峻挑战；对生态文明理念内涵的表述："必须树立尊重自然、顺应自然、保护自然的生态文明理念"；三个发展并重的提出："着力推进绿色发展、循环发展、低碳发展"；对国土开发空间的要求："促进生产空间集约高效、生活空间宜居适度、生态空间山清水秀"；对主体功能定位的把控："构建科学合理的城市化格局、农业发展格局、生态安全格局"；贯彻落实科学发展观的基本要求："全面落实经济建设、政治建设、文化建设、社会建设、生态文明建设五位一体的总体布局"等。

生态文明，并非是高不可攀的、遥远的未来理想社会形态，而是我们可以践行实现的社会形态。与现行的经济发展、管理方式相比，它表现出这样几个显著转变：一是从以经济发展为核心的发展观转变为以人为本的科学发展观，把人与自然、人与人的和谐作为社会进步的重要评价标准；二是从"大量生产、大量消费、大量废弃"的重化工业生产、消费模式向生态型、节约型的循环经济模式、绿色消费模式转变，创造一个安全、富足、绿色的生存环境；三是从先污染后治理、边治理边破坏、环境保护

滞后于经济发展转变为保护环境与经济发展并重，可持续发展意识进入决策程序，把环境科技创新作为调整经济结构、转变经济增长方式的重要手段，在保护环境中求发展；四是从主要用行政办法处理环境事件转变为综合运用法律、经济、技术和必要的行政办法解决环境问题，环境文化、环境道德、环保意识成为人们精神世界的重要组成部分。

我们现在存在着一系列与生态文明建设不相符合甚至矛盾的因素，具体表现为生态意识淡漠、资源瓶颈突出、环境污染加剧、生产方式粗放、法规监管缺位、环保投入长期"欠账"等。尽管实现了经济腾飞，但生态被破坏了、环境被污染了、青山绿水不在了，伤及人民福祉、危及民族未来。

要践行十八大报告提出的目标任务，制度建设是保障。"把资源消耗、环境损害、生态效益纳入经济社会发展评价体系，建立体现生态文明要求的目标体系、考核办法、奖惩机制"。对此应由相关部门组织专家、学者和官员一道进行更为充分的研究，设计一些合理的、具有可量化可操作的指标，进行试点，逐步推进。在设计奖惩机制上，可以设置一些有效的正向激励机制，引导地方政府认识到生态文明建设也是发展，实践"在保护中发展、在发展中保护"的新思路。

因此，建设生态文明必须把观念变革、制度安排和机制建立统一起来；必须把政府主导和公众参与结合起来；必须把基本要求和长远目标协调起来。只有这样才能形成长效机制，"努力建设美丽中国，实现中华民族永续发展"。

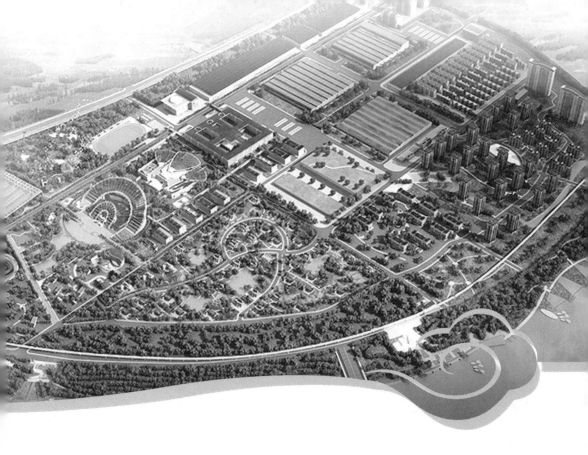

第四章

新路径：建设生态文明的宏伟征程

树立理念：生态文明建设的关键一环

制度建设：生态文明建设的根本保障

绿色教育：生态文明建设的基础工程

科技创新：生态文明建设的重要抓手

生态文化：生态文明建设的核心价值

机制创新：生态文明制度体系建设需要协调的五大关系

协同发展：京津冀一体化下的环境布局

低碳城镇化：生态文明建设的现实选择

美丽乡村：建设美丽中国的出发点和落脚点

大林业观：二十一世纪推进生态文明建设的理论法宝

1

树立理念：生态文明建设的关键一环^{*}

十八大报告强调了生态文明建设的重要性，指出：建设生态文明，是关系人民福祉、关乎民族未来的长远大计。生态文明建设被提升到国家战略层面，不仅对中国自身发展具有重要而深远的意义，而且对维护世界生态安全具有重要意义。这充分体现了中国共产党对人类文明形态的前瞻性把握，是顺应时代发展要求的伟大理论创新，是立足世情、国情、党情的重大决策，是应对既要发展经济又要保护环境双重挑战的可行性抉择，是实现可持续发展、科学发展的周密部署。生态文明建设理念是蕴含丰富文化、道德、意识、价值等内容的观念体系，它具有明显的基础性、前提性、引导性和约束性等特征，是建设生态文明实践的思想指导。理念在先，行动在后，没有理念的指引，行动就失去方向，行动就难以落实。因此，十八大报告明确指出：必须树立尊重自然、顺应自然、保护自然的生态文明理念。

一、生态文明理念中自然的地位

自然是人和一切生物的摇篮，是人类赖以生存和发展的基本条件。中国的许多典籍都论述了尊重自然的理念。如《周易·条辞传》中有"天地之大德曰生"，意思就是天地之间最伟大的道德是爱护生命，万事万物皆有生命，都应该受到尊重。庄子也说"长者不为有余，短者不为不足。

＊　本文部分内容原载中国党政干部论坛［J］．2013（1）．原名为：在全社会牢固树立生态文明理念。

是故凫胫虽短，续之则忧；鹤胫虽长，断之则悲"。① 这就是庄子的"道"，就是要尊重自然，尊重物性众生平等。美国哲学家泰勒认为，人类应该有尊重自然的态度，他将这种态度看做深度的终极态度。他说："采取尊重自然的态度，就是把地球自然生态系统中的野生动植物看做固有的价值的东西。"② 尊重自然就是符合生态文明的一种终极的道德态度，是一种基本的伦理原则，这种道德必须在日常生活的实践中通过一系列相应的规范和准则表现出来。尊重自然就是起源于天赋权利，它不因外在的法律、信仰、习俗、文化或政府的赋予而改变，它是不证自明且有普遍性的。

顺应自然是人类善待自然的一种态度，体现了自然的地位和内在价值。老子说"道法自然"。无论自然之道、社会之道，还是人为之道都是以自然为师，顺应自然则能与外界和谐相处，违背自然则会产生矛盾。庄子说"不以心损道，不以人助天"。意思是不会因心智的欲求而损坏自然，也不会用人为的方式辅助自然，这就是顺天而行，顺势而为，顺应自然。荀子也说"天行有常，不为尧存，不为桀亡……循道而不贰，则天不能祸"。其含义就是遵循自然之道治国而不出偏差，天就不会使人受祸。古希腊斯多亚学派认为，顺应自然的生活就是至善。如芝诺说："与自然相一致的生活，就是道德的生活，自然指导我们走向作为目标的道德。"③ 古罗马的赛涅卡也指出要顺应自然而生活，他说："我听从自然的指导——这是所有斯多亚派一致同意的一条原则。决不偏离自然，根据自然的规律和模式塑造我们自己，这才是真正的智慧。"④ 当代的深层生态学者正是在吸收古代顺应自然的思想理念基础上，提出他们对自然的态度。如著名学者卡普拉强调：在当代世界正经历着一场价值观、道德观和文明范式朝着深绿化发展的变革，而这种深绿化变革的实质就是要我们对自然的态度应从主宰和控制而改变为合作和非暴力的态度，即回到老子的"同于道"、顺应自然的原则。⑤

---

① 《庄子·骈拇》。

② P. W. Tayor. Respect for Nature ［M］. Princeton University Press, 1986：71.

③ 第欧根尼·拉尔修. 著名哲学家生平：第Ⅵ卷［A］. 洛布古典丛书［C］. 伦敦：威廉·海涅曼公司，1925：36.

④ 塞涅卡. 强者的温柔：塞涅卡伦理文轩［M］. 包利民，等，译. 北京：中国社会科学出版社，2005：347.

⑤ 朱晓鹏. 论西方现代生态伦理学的"东方转向"［J］. 社会科学，2006（3）.

由于人类的生产、生活不可避免地对自然造成破坏，因此有必要树立保护自然的理念。中国古代很早就有环保思想，如夏朝曾颁布了著名的保护自然的法规《禹之禁》，提出："春三日山林不登斧斤，以成草木之长，入夏三日，川泽不施网罟，以成鱼鳖之长，不麑不卵，以成鸟兽之长。"孟子表达过相近的思想，他说："不违农时，谷不可胜食也，数罟不入洿池，鱼鳖不可胜食也，斧斤以时入山林，林木不可胜用也。"[①] 人们按照适当的时间和方式播种、捕鱼、砍柴，就可以获得持续的发展。《管子》、《吕氏春秋》、《淮南子》等书中都不同程度包含了保护自然的思想。美国著名生态学家利奥波德的《沙乡年鉴》被认为是一部环境保护主义的圣经，他批评了仅为人类的利益而保护某些自然物的保护主义，而提出了一种整体主义的保护主义，即为了生态整体的利益（包括人类的长远利益）而保护整个地球。挪威哲学家奈斯是深层生态学的开创者，他的"自我实现"是指与所有生命共存，超越狭隘的自我，能够从他者中看到自身，人类的自然天性就是保护地球。他说："人类生活最丰富之处，是与生命共同体的认同。有了这样的认同，人类将会正确地保护自然环境。"[②] 保护自然是对尊重自然、顺应自然理念的补充，三者的结合才使生态文明理念得以圆满。人类利用自然求得生存和发展，在此过程中，如果没有保护自然的思想，那么人与自然的矛盾必将无法得到真正解决，人与自然和谐共生则将流于空想。

青海省格尔木遭遇沙尘暴 *

---

① 《孟子·梁惠王上》。
② 刘耳. 当代西方环境哲学述评 [J]. 国外社会科学，1999（6）.
* 青海省格尔木遭遇沙尘暴 [OL]. [2013 - 10 - 30]. http：//image. fengniao. com/slide/326/3262573_ 4. html.

生态文明理念中的三种对待自然的态度是统一的、不可分割的，不能厚此薄彼或者顾此失彼，缺少其中任何一个态度都是不完整、不健全的，对生态文明建设将不能发挥应有的指导作用。建设生态文明应首先认识、理解和树立正确的生态文明理念，有了科学的理念，就有了行动的指南；思想问题解决了，行动就会水到渠成。十八大报告中提出的尊重自然、顺应自然和保护自然的理念是对人类自然观念的总结和发展，是符合当下生态文明建设实践的最科学、最先进、最合理的论述和表达。全社会如果能够牢固树立生态文明建设理念，那么必将有力地促进中国的生态文明建设，必将推动人与自然的和谐发展，必将为最终实现共产党的崇高社会理想奠定扎实根基。

二、在全社会普及和树立先进的生态文明理念

建设生态文明应首先认识、理解和树立先进的生态文明理念，有了科学的理念，就有了行动的指南；思想问题解决了，行动就会水到渠成。

（一）要大力宣传生态文明理念，使之为人所真知、熟知、深知

生态危机的存在一方面源于人类的无知，另一方面源于"人类中心主义"的思想观念。对自然的探索以及对人与自然关系问题的思考虽然由来已久，其间不乏真知灼见，但伴随着工业文明的崛起，人性中恶的一面：贪婪、狂妄、自大等难以遏制。这种状况导致了人类把自然中的其他一切视为无物，视为可以妄加裁决的、任意处置的羔羊，自然不再像先哲们认为的那样是人类的家园，人与自然的关系从统一走向对立。面对日益严峻的生态环境，人类因自身的生存受到威胁而开始反思，生态文明理念逐渐产生、扩散、壮大。

生态文明理念是否已经深入人心，成为公众的主流思想，当下还言之过早。生态文明理念虽然已经被证明是符合历史发展潮流的真知，但其内涵还不为人所熟知、深知。由于宣传不到位，加上固有的、习惯性的观念的影响，还会产生许多淡然处之、漠然视之或者公然抵之的现象，从而限制生态文明理念的扩散。要用生态文明理念武装人们的头脑，就必须通过

报纸、电视、广播、网络等媒体的大力宣传，使公众能够轻易地获得必要的信息，加深对环保科普知识、生态危机的产生、发展、演变的规律的认识，对生态文明的必要性及迫切性的了解，对人与自然和谐的了解和对自身的行为责任的了解等。通过对比自身的行为方式与生态文明理念的差异，找出差距，寻求转变，只有从不知、无知达到熟知、深知，生态文明建设才有成功的希望。

（二）要通过教育、社会风尚、伦理道德等引导人们树立生态文明理念

目前，中国大、中、小学校的在校学生有两亿多人，他们是中国未来生态文明的建设者。生态文明理念如果能够在学校、老师和学生的心里扎根，那么未来中国的生态文明一定能够发芽、开花、结果。所以要以中小学和高校为主战场，推行生态文明理念走入校园，在全国大中小学开展系列公益活动，宣传生态文明理念，普及生态文明知识，培养中国未来建设者的健康、环保、绿色的良好习惯。可以通过多种形式，如环境教育、参观讲座、展览展示、评优竞赛、文艺活动，把生态教育与学生的健康成长紧密结合。生态文明理念可以作为一种文化的传承，通过教育使之得以延续并注入不竭的动力，同时，可以提升全民族的生态文化素质。

社会风尚和伦理道德是一种软约束，它能影响人们的价值取向和行为习惯，并以一种非正式的力量制约人们的行为，形成一种生态文明的社会风尚和伦理道德将极大地促进生态文明理念的传播，这种道德教化在发达国家是有成功实践的。1991 年，美国把 10 月定为"节能宣传月"，至今已有 23 年的历史。每到宣传月，政府、商业组织或协会都会举办各种活动向公众宣传节能环保知识，鼓励人们在日常生活中身体力行地减少能源消耗。社区的居民在各种活动中受到了教育，培养了节约、环保、生态的理念和意识。因此，社会风尚、伦理道德与学校的生态文明教育共同构筑了公众的生态文明理念。

（三）要引导政府、企业承担各自的生态责任

生态文明建设的公益性要求政府必须发挥主导作用，但是如果政府的

发展观和政绩观仅停留在"唯 GDP 至上"的层次，那么势必影响到地区或国家的总体生态文明建设水平，而且政府作为一种公共权威的代表必然对其他社会组织、公众造成不良影响，因此，政府不仅要承担自己的生态责任，而且要纠正市场机制中由于"市场失灵"所导致的经济外部效应，成为生态文明建设中合格的领导者、组织者和管理者。

有人把全球性的生态危机归根于资本的全球化，认为是资本追逐利润最大化的结果造成的。这种说法是有一定道理的，现实则表现在企业生态责任的缺失。为此，西方社会发起了企业社会责任运动，并引入 SA8000 企业责任体系，其主题就是"劳工保护、消费者权益保护和环境保护"，借此加以规范企业的生态行为。企业不能只追求经济效益而忽视生态效益，不能用一堆经济数字和图表代替天蓝、地绿、水净的生态环境，企业只有确立生态文明理念，才能自觉地承担起维护生态平衡和保护环境的责任，才能为公众的绿色消费提供适宜的绿色产品，才能走上绿色发展之路。

乐东黎族自治县尖峰岭天池仙居度假村

2

制度建设：生态文明建设的根本保障[*]

　　生态文明建设之所以能够成为十八大报告中的一个重要内容，并且与经济建设、政治建设、文化建设、社会建设构成"五位一体"的中国特色社会主义总体布局，是因为生态文明建设不仅是实现节约资源和保护环境近期目标的基本要求，也是实现美丽中国和中华民族永续发展长远目标的必然选择。生态文明建设是经济建设、政治建设、文化建设、社会建设的前提条件，缺少生态文明的价值理念和价值追求，其他的各项建设必然会受到影响，甚至会导致各项建设的畸形发展。生态文明建设是一个只有起点没有终点的世代工程，涉及每一个家庭、每一个人的宏伟事业，是需要全社会广泛参与的伟大工程。推进生态文明建设必须科学规划、制度先行，这样才能保证生态文明建设的针对性、实效性和计划性。

一、生态文明制度建设是生态文明建设的基石

　　党的十八大报告中明确提出要加强生态文明制度建设。十八大报告指出："保护生态环境必须依靠制度。要把资源消耗、环境损害、生态效益纳入经济社会发展评价体系，建立体现生态文明要求的目标体系、考核办法、奖惩机制。"生态文明制度建设是生态文明建设的根本保障，是生态文明建设的基石，它为生态文明建设提供了方向、标准、行为规范和监督、约束力量。没有制度的制定、执行和完善，就没有生态文明建设实践的开始、发展和完成。

<small>* 本文原载光明日报［N］．2012－12－25．原名为：加快推进生态文明制度建设。</small>

（一）生态文明制度建设能够深化对生态文明建设的再认识，有助于保证生态文明建设的整体发展方向

制度建设既是一个"自上而下"的过程，也是一个"自下而上"的过程；既是一个"顶层设计"的过程，也是一个"兼听则明"的过程。在经过全方位的论证以及充分考虑和吸收各方面的建议和意见之后，从而形成一个能够为各级政府、部门、团体和个人共同接受、共同遵守的合理制度。制度是严肃、认真的，一旦确立就必须遵守，这就要求在制定之前必须做好沟通、交流、调查、论证等各环节的工作。生态文明制度建设为了保证生态文明建设的方向，要全面审视生态文明建设的方方面面，要反思建设中存在的各种问题，要详细研究建设的目标、手段及方法。这是一个再反思、再认识和再提高的过程，经过此阶段的工作将使生态文明建设的目标、任务、措施等方面更加合理和完善。

（二）生态文明制度建设能够为生态文明建设提供行动的标准，保证生态文明建设有据可依

制度就是各种法规、章程、规约等的总称，是人们行动的准则和依据。生态文明制度建设就是要制定出符合生态文明要求的目标体系、考核办法、奖惩机制等。按照十八大报告，这些制度包括国土空间开发保护制度、耕地保护制度、水资源管理制度、环境保护制度、资源有偿使用制度、生态补偿制度、责任追究制度和环境损害赔偿制度等。正如邓小平所讲："制度好，可以使坏人无法任意横行；制度不好，可以使好人无法充分地做好事，甚至会走向反面。"生态文明制度的好坏，决定了生态文明建设的成败，好的生态文明制度将能使建设事半功倍，而坏的制度则能使建设半途而废。各种制度的完善以及各制度间的相互配合、整合是使生态文明建设得以正常运转和发挥预期作用的根本依据。

（三）生态文明制度建设能够发挥约束和监督作用，促使生态文明建设更快、更好地发展

生态文明制度的制定只是建设的开头，制度的执行才是重点。生态文明建设需要通过制度的有效监督和检查才能确保其更快、更好地发展。生

态文明建设中的一切活动需要对制度负责、需要做到规范优先、需要确保制度的执行力，从而维护制度的严肃性。通过多种手段和形式对生态文明建设进行检查，了解制度落实的情况，及时与有关部门进行沟通，纠正建设中存在的问题，避免建设中的偏差，解决和处理建设中违反制度的各种情况。科学、合理、正确地贯彻落实和遵守执行生态文明制度是生态文明建设的根本保证，按照这样的制度去建设生态文明则必然获得成功；而缺少这样制度的约束，则生态文明建设必将呈现混乱无序的状态。

二、生态文明制度建设面临的突出矛盾

生态文明制度建设是在引进、吸收发达国家制度建设的基础上，结合我国经济社会和自然环境的现实条件下而建立的调整人与生态环境关系的各种制度规范的总称。生态文明制度建设是生态文明建设必不可少的制度支持，它的实施将带来人们的生产方式和生活方式的转变。因此，在制定、实施的过程中必然会遭遇各种矛盾和挑战。这些矛盾与挑战既可能来自传统观念的束缚，也可能来自既得利益的阻碍，还可能来自技术条件的落后等。概括起来突出表现在以下三个方面。

（一）生态文明制度建设的紧迫性与广大干部、公众观念滞后的矛盾

建设生态文明是中国消除资源环境威胁，实现可持续发展的必然要求。十八大报告指出，我们面临着"资源约束趋紧、环境污染严重、生态系统退化的严峻形势"，迫切需要建章立制。我国环境有两个很重要的特点，一是环境容量有限，二是生态环境十分脆弱。我国要在 2020 年实现全面建成小康社会的宏伟目标，就必须树立尊重自然、顺应自然、保护自然的生态文明理念，推进制度建设，建立长效机制。

但是，目前干部、公众观念相对滞后，生态文明理念还远没有深入人心，个别领导干部还没从唯经济 GDP 论的思想桎梏中跳出来，很多干部还没有充分认识到生态文明建设的重要性和紧迫性，对其内涵和本质缺乏深入的思考。公众的生态意识还很欠缺，过度消费、高碳出行甚至破坏环境等行为还在一定范围内盛行，如捕食野生动物、偷排污水废物、市民生

活垃圾不分类乱堆放等行为还时有发生。

思想是行动的先导，如果不改变广大干部、公众生态文明观念淡薄，生态文明制度建设就可能成为空中楼阁。

（二）人们追求幸福生活的期待与生态文明制度建设滞后的矛盾

中国现代化发展已经步入一个新的历史阶段，大多数百姓摆脱了基本生存需求的制约，已从追求生活水平提高转变到全面提升生活品质。在生活上，人们不仅要吃饱吃好而且要吃得安全，不仅要穿暖而且要穿得健康、舒服；在政治上，人们的维权意识、参与意识、表达意识更加强烈；在文化上，人们对精神文化、绿色文化的追求更加强烈；在出行上，人们渴望便捷、低碳的出行要求更高；在环境上，对人居环境要求也更高了。人们对过上幸福美好生活的新期待，对生态文明制度建设提出了新的挑战。

由于长期重点关注经济指标，而忽视了生态建设和环境保护，我国生态文明制度建设还很落后，目前还无法满足人们期望过上幸福美好生活的诉求。人们期望吃得绿色、穿得绿色、行得绿色、住得绿色、用得绿色，只有体验到绿色，才能感悟到幸福、美好。但目前状况是人均绿地不足、分布不均、食品安全存在隐患、城市建筑密集、房价过高、土地短缺、交通拥堵、空气不达标、水质令人担忧、垃圾占田围城，等等。如果生态文明制度建设滞后的现状不能尽快改变，人们对幸福生活的期待就会化为泡影。

（三）现有发展格局与生态文明制度建设的矛盾

改革开放以来，我国经济社会发展取得了举世瞩目的成绩，2010 年经济总量已居世界第二位。但过去长期存在的重经济发展轻环保投入、轻生态建设的格局没有根本改变，生态文明制度建设始终没有提上日程，使得资源过度开发、环境总体恶化的趋势没有根本逆转。如土地开发的刚性需求与城市土地存量不足的矛盾、城市人口快速增长与垃圾处理技术和能力不足的矛盾、工业增长中废水废气的增长快于处理设施和能力增长的矛盾，以及道路资源供给有限与机动车保有量俱增的矛盾，等等。

诸如土地问题、垃圾问题、空气质量问题、水质问题等，如果没有制度保障就不能得到很好的解决，不仅会影响经济的发展，而且会引起一定程度的社会危机。

三、加快推进生态文明制度建设的创新路径

生态文明制度建设是一个庞大的系统工程，要动员和整合全社会的资源加以推进；要把生态文明作为落实科学发展观的战略任务融入各级政府的决策、评价、考核之中；要把生态文明建设作为世纪工程、基础文明建设来实施；要实施教育优先、规划优先、补偿优先三大战略；着力实现从经济现代化到生态现代化的发展方式、消费方式、管理方式、创新方式四大转变。

（一）制定生态文明发展的总体规划

制定一个相应的发展规划是生态文明制度建设取得成功的必不可少的环节。从国家层面上，要制定长远的国家级的发展规划，统一协调和制定国内经济、政治、文化等各个领域发展的方针、政策、目标和计划，应体现全局性、长远性、规范性和指导性。各个地方的生态发展规划要根据国家规划的精神，结合自身的条件和特点制定本地区的具体发展规划，要具有时效性、可操作性、可考核性。

（二）加快相关法律、法规建设

尽管《中华人民共和国环境保护法》修正案 2014 年 4 月已获通过，但是必须看到，我国环境法制建设起步较晚，还存在许多问题，要在借鉴国外先进经验的基础上，结合我国具体国情，重新确立指导思想，按照防治与保护并重的方针，以十八大精神为指导，确立生态文明的宪法地位。根据时代发展要求和生态文明建设的需要，完善现有环境法律体系，加快环境法制建设。

首先，要加快我国的环境立法，针对环境资源中的新问题，加快环境与资源立法的国际合作与交流，引进环境与资源保护的新理念和新的立法手段，加快国际条约的国内立法步伐。同时要促进国内的刑法、民法、行

政法、经济法等相关法律的生态化。

其次，要抓紧拟订有关土壤污染、化学物质污染、生态保护、遗传资源、生物安全、臭氧层保护、核安全、环境损害赔偿和环境监测等方面的法律、法规草案。逐渐完善我国的环境法律、法规，对违法行为要加大处罚力度。对于现有的环境技术规范和标准体系，应该根据实际情况，适当进行修正，使环境标准与环境保护目标能够做到相互衔接。

再次，要在法律、法规上落实生态补偿机制，按照"资源有偿使用"的原则，建立生态环境补偿制度。坚持"受益者或破坏者支付，保护者或受害者被偿"的原则；严格征收各类资源有偿使用费，完善资源开发利用、节约和保护机制。①

最后，要完善地方的环境立法，地方环境的生态立法要突出重点，兼顾其他方面。坚持现实性和前瞻性相结合的原则，根据本地区的实际情况，在科学预见的基础上超前立法，弥补国家立法的滞后性。总之，我国的生态立法要运用生态学的观点将生活环境和生态环境作为一个有机体来加以考虑，保护生态环境，防治污染和各类灾害，进而构建一个标本兼治的大环境立法体系。

（三）转变政府职能，打造生态文明型政府

要强化政府的能源及减排和任期绿化目标等工作责任制，各级领导干部要树立正确的发展观和生态观。各级政府应为推进生态文明建设提供制度基础、社会基础以及相应的政治保障，把生态文明建设的绩效纳入各级党委、政府及领导干部的政绩考核体系。抓紧建立地区资源节约和生态环境建设、保护绩效评价体系，完善相关制度和技术手段。建立、健全监督制约机制，严格落实"一票否决"制。建设或规划的项目对生态环境有重大影响的要进行专家论证，重大污染环境项目要立即停止。要自觉公开环境信息，对涉及公众环境权益的发展规划和建设项目，要通过开听证会或社会公示等形式听取公众意见，接受社会监督。

通过建立和实施生态环境违法、违规责任追究制度，强化生态行政能力，打造生态型政府，建立有关政策体系，推进生态民主建设。提高生态

---

① 姜春云. 偿还生态欠债：人与自然和谐探索［M］. 北京：新华出版社，2007：363.

行政能力，从根本上建设生态文明社会，必须从主要用行政办法保护生态转变为综合运用法律、经济、技术和必要的行政办法解决问题。

（四）改革企业形式，提高企业的生态文明水平

企业能否贯彻生态文明制度是决定生态文明建设能否成功的关键因素。企业可以在国家政策的引导下，根据市场需求的变化结合企业所处的生态环境，自主选择适合本企业的发展目标，可以对生态化水平高的项目进行创新投入，并承担相应的风险。鼓励企业技术创新是企业实现构建生态文明、获得可持续发展的关键。

当前的国际环境正处于一个以生态保护为基础的新一轮的技术范式转换的过程中。低碳经济、新能源技术等蕴含着巨大的市场，企业抓住机遇才能在竞争中立于不败之地。企业要提高高层管理人员的科技水平，要培养造就一批既懂专业技术知识又有生态意识的高层次科技型管理人才。对大中型企业，要积极鼓励建立自己的科研机构，每年按销售额的一定比例拨出款项进行生态技术创新。对于中小企业，可与高校和科研单位加强联系，以聘请顾问、客座研究人员以及合作共建等形式提高企业的科技力量，让科技力量进入生态文明建设之中。

延伸阅读

　　2013 年 11 月 14 日，赵建军教授接受《21 世纪经济报道》采访，对"生态文明制度建设要解决的三个问题"谈了谈自己的观点，欢迎读者扫一扫右侧二维码查看详细报道。

　　针对生态文明的制度建设，2014 年 1 月 10 日，赵建军教授又接受《理论网》的采访，对"实现美丽中国梦必须加快生态文明制度建设"谈了谈自己的观点，欢迎读者扫一扫右侧二维码查看详细报道。

3

绿色教育：生态文明建设的基础工程[*]

人类文明由工业文明转向生态文明，不仅需要借鉴国外的先进经验，还要有国内公民的积极参与，而实现这一任务的重要途径之一，就是对全体公民普及绿色教育，绿色教育是生态文明建设的基础工程。

一、绿色教育是生态文明建设的基础

绿色教育就是以环境保护、可持续发展等相关知识为内容的教育，旨在培养学生的环境意识和环境保护的相关技能，从而为改善中国的环境、可持续发展事业打下基础。与普通的环境教育相比，绿色教育的旗帜更鲜明、内容更丰富、方法更多样。

（一）国外环境保护的成功经验表明，生态文明建设需要绿色教育

20 世纪 60 年代后期，随着经济发展和环境的恶化，西方社会普遍认识到环境问题的严重性，政府和教育界联合成立了环境教育组织，在不同地方以不同方式开始了新的教育和社会运动，到 20 世纪 70 年代对环境教育的理解大大深化。目前，世界范围内已有很多国家，如美国、日本、英国、北欧的一些国家高度重视环境教育，并将此项教育纳入本国素质教育的组成部分，积极加以贯彻落实。

---

* 本文部分内容原载河南科技大学学报［J］. 2013（3）. 原名为：论以公民环境教育促进绿色发展。

德国是世界上环境最好的国家之一，其环境保护也居于世界前列，这得益于德国人高度的环保意识和环保素质。德国人的环保意识来自几乎无处不在的环境教育。除了具有完备的环境法律之外，德国还在全国范围内逐步建立生态学校，使师生共同参与校园的建设及环境保护活动。另外，德国还将环保知识渗透在所有的教学过程中，在小学，有相当一部分课程都是在户外进行的，这无形中帮助学生树立了尊重自然、爱护自然和保护自然的环境价值观念。德国多元的教育主体也对环境教育起到了推动作用。许多非政府组织、自然博物馆、高等学校以及国家公园等环境教育机构配合学校环境教育，开展了多种形式的环境教育活动。

在环境教育方面，荷兰也是一个值得学习和借鉴的国家。它的环境教育起源于20世纪初，教育的对象由最初的小学逐步扩展到中学，进而扩展到现在的职业教育和高中教育，教育的形式也由最初的自然保护教育过渡到自然环境教育，并于1990年开始强调可持续发展。纵观荷兰的环境教育，几个明显的特征不容忽视：首先是强调好的环境教育实践活动；其次便是利用专题的组材方式，进行环境教育教学中的概念更新；最后是不断拓展环境教育的范围，适时更新环境教育的目标。同时，荷兰还有配套的不断完善的环境教育政策，诸如改变各级考试内容、强化环境教育的影响力，使之成为教育改革的催化剂，等等。

（二）国内环境保护的艰难历程说明生态文明建设需要绿色教育

目前，我国生态环境方面还存在很多问题，既有历史遗留的原因，也有当代的人为原因。因此，要实现经济发展、社会生活等各方面的绿色化转型，就需要从多个方面进行改善。

一方面，改善当前我国的环境问题需要环境教育。伴随着工业化发展的进程，中国也如同世界其他工业化国家一样，生态环境问题也逐渐成为一个挥之不去的噩梦。人们对于自然的恣意掠夺、对环境自净能力的冷眼漠视以及对自然资源的任意挥霍等，已经使我们的生存环境岌岌可危。正如恩格斯所说，"我们不要过分陶醉我们对自然的胜利，对于每一次胜利，自然界都报复了我们"①。当前，摆在我们面前的是更为严峻的环境问题：越来越多的耕地、草原、森林遭到破坏，大量水土流失、土地沙漠化、生物多样性减少，部分内陆湖水位快速下降，自然灾害、环境污染等方面都呈现出愈来愈严重的趋势；工业垃圾、城市垃圾与日俱增，致使全国大部分城市被包围其中；碳排放量增多，大气污染严重，等等。面对如此严重的生态环境，我们不得不反思人类与自然的伦理关系，倡导发展绿色经济，回到人与自然相互依存、和睦相处的和谐状态。因此，从环境伦理学的角度认识、宣传、教育、提高环境保护意识，对于解决现实的环境问题是十分必要的。

如此污染　触目惊心 *

另一方面，提高公民环境素质需要绿色教育。每个人都有自己的碳足迹，建设低碳社会、走绿色发展道路需要每个人的努力。每个人都有习以为常的生活方式和消费模式，每天都在消耗能源。但是很多公民并不知道生活方式与节能减排之间的紧密联系，而且，在对环境保护的认识方面也

① 马克思恩格斯选集：第三卷［M］. 北京：人民出版社，1972：517.

＊ 展望 2007 年：水污染防治仍是重中之重［OL］.［2007 − 01 − 07］. 新华网. http：// news. xinhuanet. com/environment/2007 − 01/07/content_ 5575610. htm.

存在相当的误区。例如，认为绿化不是环保；环境保护是环保局的事情，跟我们每个人没有关系；环境保护是城市人的事情，与农村人没有关系，等等。而教育是一种有意识的、以影响人的身心发展为直接目的的社会活动。要提高公民的环境素质，减少每个人的碳排放量，使其采取低碳的健康生活方式，对公民推行环境教育就是一条切实可行的途径。

环境教育对于社会发展和人的发展具有重要的作用。通过环境教育，我们可以进一步认识环境问题与人类可持续发展的关系，培养人们的环境保护意识和积极保护环境的行为，为绿色发展的顺利实施奠定坚实的基础。

二、完善公民环境教育体制，推进中国生态文明建设进程

改革开放以来，我国环境教育经历了从无到有、从萌芽到发展壮大的历史过程，目前，已取得了一定的成就。首先，党和政府开始高度重视环境保护工作，大幅增加环保投入；其次，将环境教育纳入国家教育计划的轨迹，成为教育计划的一个有机组成部分，初步形成了一个多层次、多形式的具有中国特色的环境教育体系；最后，全民参与环境教育的热情普遍增强。《全国环境宣传教育行动纲要》指出："我国的环境教育目前已初具规模，初步形成了一个多层次、多形式、多渠道的环境教育体系……环境教育工作取得了一定的成绩和进展，社会教育的广度和深度有所发展，基础教育有了一定的突破，专业教育输送了数万名科技和管理人才。"[①]但是，由于我国的教育起点低、重视程度不够等因素的影响，目前我国环境教育仍面临诸多挑战：资金投入不够、地区发展不平衡、教育体系发展不均衡等。

就绿色教育本身而言，它是一项基础性、系统性、长期性的工程，它的发展与完善需要多个方面的支撑、政府引导、资金投入、技术跟进以及政策支持等。但是，在环境教育的所有环节中，最不能缺少的三个环节就是家庭、学校和社会。走绿色发展之路，必须建立起家庭、学校、社会三

---

① 国家环保总局. 新时期环境保护重要文献选编 [M]. 北京：中央文献出版社，2001：439.

位一体的环境教育合力网络，使各种力量相互强化、互为补充。

（一）注重家庭环境教育， 奠定绿色发展基础

我国的教育传统和社会家庭结构特征，决定了家庭教育的重要位置，它是学校教育和社会教育的基础，而且是伴随一生的终身教育。因此，环境教育必须注重家庭教育，只有得到家庭教育的响应，才能产生强大的合力；反之，如果受到来自家庭的反面怂恿，其对个体道德的效力便会大大减弱。

家庭环境教育的顺利实施，首先，需要家长具备一定的环境意识，培养良好的环境素养，才能为孩子树立榜样，进而影响孩子的生活习惯；其次，父母还应该在孩子不同的年龄阶段采取不同的教育方式和引导方式，使孩子在适合的年龄阶段做"绿化"使者；最后，家庭成员之间是互相模仿、互相影响的，这需要在整个家庭中，营造一种爱护环境、保护环境的氛围。要深入开展"绿色家庭"创建活动，倡导绿色设计、绿色家装、绿色家具、绿色庭院、绿色照明等环境理念。

（二）完善学校环境教育内容， 普及绿色发展常识

环境教育要从小抓起，针对小学、中学、大学以及职业学校面对的教育对象的差别，必须分别采取不同的环境教育内容，灌输绿色发展理念、树立绿色发展目标，实践绿色发展行为。

首先，在中小学及学前教育阶段贯穿渗透式教学。要在中小学的教学大纲和课程设置中渗透环境保护意识；在学生的日常学习生活中，培养他们爱护环境、节约能源的观念；还要在校园内营造浓厚的环境教育氛围，以班级为单位订阅有关环境教育的报刊、杂志、宣传画等，时刻提醒他们人与自然和谐相处的重要性。

其次，在职业学校采取实用目的教学法。针对学生的专业和今后将有可能从事的职业特点，将这一职业与周围环境的关系及其对人的影响联系起来，让他们了解自己即将从事的职业对周围环境和他人健康的影响，并使其掌握减小这种影响所必需的知识和技能。

最后，在高校实行"三结合"的环境教育。第一，将环境教育与品德教育结合起来。以德育促进环境教育的发展，使学生在掌握环境知识的

基础上，实现自觉保护环境的品德，进而发展解决环境问题的各种能力，推动环境的改善。第二，将环境专业与非环境专业结合起来。组织环境专业与非环境专业师生之间的交流沟通，给非环境专业学生一次学习的机会，从而共同促进环境教育事业的发展。第三，将社会与课堂结合起来。鼓励学生在课余时间参加一些环境保护活动，真正以一个"绿领"的标准要求自己，这样既可以增加社会阅历，又可以检验、运用已经学过的环境知识，实现书本学习与绿色发展双赢。

（三）丰富社会环境教育形式，践行绿色发展行为

社会教育是整个环境教育中最薄弱的一个环节。我们需要紧密围绕绿色发展这一主题，加大社会宣传教育力度，通过各种媒体，传授环境科学知识，树立环境意识。可以通过我国广大公众获取知识的主要渠道——广播、电视、互联网、报纸、书刊、杂志等广泛普及环境科学知识和伦理知识，使社会环境教育上一个新台阶。

首先，强化非政府组织的影响力。改革开放以后，我国涌现出大量的社会团体、民办事业单位、基金会等环保非政府组织，它们动员各种社会资源，承担着许多社会公益服务。其次，发挥媒体的导向、监督作用。通过媒体及时公布政府有关绿色发展的工作报告、政策决议等；利用公益广告等多种形式倡导公众以身作则，创建、爱护我们的绿色家园；充分发挥新闻舆论的监督作用，使破坏环境的恶劣行为得到及时揭露和批评、无所遁形，有效监督和制约忽视环境、污染环境和破坏环境的行为，这样才能使媒体在环境保护和生态文明建设中起到积极的促进作用。最后，构建多种形式的教育平台，例如，建设一定数量的自然博物馆、生态园区、经济示范区等，配合学校和家长进行环境教育。

思想是行动的先导，不管体制多么完善、措施多么严密，最终的结果都体现为每个公民的实际行动。只有将爱护家园、绿色发展的理念内化为我们每个人的自觉行动，以上的教育措施才能得到真正的贯彻和落实。因此，加强全体公民的自我教育，提高其自觉能力和意识，对于推进中国绿色发展进程更是值得强调的一个环节。

4

科技创新：生态文明建设的重要抓手

　　科学技术的产生与发展来源于人类对于自然的改造活动，技术是人类历史的见证和反映，科学技术从诞生之日起，就一直处于不断演化的过程之中，人类文明的缩影可以通过考察科学技术发展的历程来显现，不同时期的文明模式的背后有着不同的科学技术范式的支撑。经验科学与农业技术的发展推动原始的采集、游猎时代的史前文明向农业文明的嬗变；近代科学体系的建立和工业技术的发展推动农业文明向工业文明的转变；新能源革命引领的全方位的科技创新促进工业文明向后工业文明的飞跃，是建设生态文明的重要抓手。

吉林省通化市全景图

一、当代科技发展的特点与文明转型

工业文明赖以生存、发展和辉煌的基础是线性结构的科学范式与不可再生能源的高效利用，但是随着人类社会的不断发展，工业文明无法突破环境与资源的瓶颈，发展动力趋弱、发展代价增大成为工业文明的软肋，文明的发展走到了新的路口，转型的压力日趋增大。在这个历史时期，以新科学范式为内核、新能源革命为先导的新科技革命的兴起，推动了文明的生态化转型。

（一）新科学革命支撑文明转型

科学的革命是人类社会发展的精神内核与智力支撑，科学研究的范式和思维方向决定着人类文明的走向。第一次科学革命的主题是天文学、物理学，前后经历了 144 年，主要包括：哥白尼发表的《天体运行论》和伽利略提出把试验方法与数学相结合的科学理论。牛顿发表《自然哲学的数学原理》，建立了现代理论体系和实验研究方法，为近代科学的形成和发展奠定了基础。以牛顿力学为基础构建的现代科学体系为工业文明的发展提供了源源不断的智力支持，建立起了一套线性的发展理念与模式。在这种理念和模式的指导下，在以不断的分解为范式的科学指导下，形成了人与自然界的单项式的、线性的关系，对于自然界的认识停留在自然界的存在价值是满足人类的发展需求，社会的发展就是物质财富的增长，人类只需凭借科学技术的利剑就可以达到征服和控制自然的目的，通过经济的增长和财富的增加就必然能促进社会的进步和人的发展。工业文明沿着高能耗、高污染、高排放的线性发展模式进入了死胡同。新一轮科学革命的主题词是非线性，其主体部分涉及物理学，具体表现为量子论和相对论的提出，以及伦琴发现 X 射线和汤姆逊发现电子，又扩展到天文学、遗传学、地学、计算机科学等。相对论和量子论的应用，产生了原子结构、分子物理、核能、激光、半导体、超导体、超级计算机等理论和应用。控制论、协同论、系统论、突变论、结构论的发展带来的是人的思维的非线性化。非线性科学的兴起表明客观事物是复杂的，自然界存在的大量相互作用都是非线性的，非线性是物理世界和自然界存在的本质，世界本质上是非线性的。非线性是系统复杂性的根源，是系统结构有序化的根本。在"人—自然—社会"复杂巨系统中各层次结构之间的关系是非线性的，这种非线性的相互作用使系统内各个要素、各个部分、各个方面相互内在地联系起来。在"人—自然—社会"这个复杂巨系统中，需要科学技术起到促进系统结构优化和推动系统良性演化的作用。以非线性科学技术为基础的新的生态科学范式已形成，这种科学范式包含一系列新的科学群，从整体上推进了现代技术体系的历史性转变，即确立以生态技术和新能源技术为核心的主导技术，逐步取代以结构化技术为核心的主导技术，最终推动新的文明的转型。

（二）新能源革命引领文明转型

支撑人类发展的能源形态在某种程度上决定着人类文明形态的演进。自工业革命以来，人类文明的阶段性飞跃都是围绕着如何最大限度地有效开发与利用不可再生资源的革命。无论是蒸汽机还是电力，都无法摆脱对于不可再生能源的依赖。这种依赖形成了工业文明发展的程式化。在不可再生能源支撑体系下的技术革新不可避免地打上了工业文明的烙印，始终走不出工业文明的怪圈。而作为新科技革命先导的新能源革命，与工业经济时代历次革命的不同就在于，这是一次可再生的新资源替代不可再生的化石资源的革命，它是从根本上触动构成工业文明资源基础的一场新革命。不同能源形态决定了能源存在的物质特性和不同的分布，这些又决定了不同的能源的使用方式并在这样的基础上形成了不同的社会组织，这种不同的组织包含了思维方式、科技范式、生产方式、生活方式等决定文明形态的因素。新能源革命实现了能源的可再生、可循环、清洁性和分布广，从根本上改变了技术发展的方式和走向，新能源革命将带来生物学、生态学、信息学、智能学等学科的技术化转换，将引领生态农业、生态产业、生态服务业的发展，从而改变人类生产生活方式的低能耗、低排放和低污染，推动人类文明发展方式的生态化转型。

二、生态文明建设对科技创新的期盼和要求

生态文明作为人类文明模式的新选择，需要科学技术作为推动其前进

的动力。生态文明给科技创新提出了新的需求，即科技创新价值判断的生态化和科技创新体系的绿色化。

（一）　科技创新价值判断的生态化

生态文明向科技创新提出了以生态保护和生态建设为目标的新要求，科技创新的核心价值需要转变。工业文明科技创新的价值观认为，科技的功能在于为人类征服自然、统治自然服务，它的价值体现在满足人对自然的索取上。在这样的价值观下，技术已经成为人们破坏自然、榨取自然的工具和手段，原有的工业文明的价值追求使得技术在对待人与自然关系问题上的状态是不可持续的。生态文明下科技创新的价值观认为，技术必须而且有可能为社会、自然的协调和全面发展提供正确的技术手段、实现途径。技术范式的转换应当确立在为实现生态可持续性、经济可持续性和社会可持续性上。科技创新的价值判断是生态化原则。生态化原则要求科技创新的发展要符合自然生态的发展规律，要维护自然的生态平衡，技术的规模和效用要同自然环境协调发展，科学技术系统的发展要符合生态系统的演化，技术的存在不能够破坏周围的生态环境，应当克服自身对环境的不利影响，能够实现变害为利，实现技术演进同自然界的良性循环和持续发展。

（二）科技创新体系的绿色化

科技创新的发展经过了市场经济和工业文明的洗礼，已经深深烙上了传统的科学分析范式的烙印，是符合传统经济的发展需求的，是建立在资源消耗和环境破坏基础上的。生态文明是对工业文明的扬弃，是对传统科学范式的颠覆，其创新模式也要求符合可持续、低能耗、低污染的要求，是需要内生出以当前绿色科技为内核的科学范式的。人类生产力发展的新篇章需要展开，需要把以征服、改造自然作为核心的生产力向绿色化、生态化转型。绿色发展下的生产力的转向，从本质上可以看做实现人类活动对人与自然之间的物质变换过程的触发功能、控制功能和调整功能的新的统一。生产力的绿色转向可以看做生产力螺旋发展的一种新的表现，强调"所有的部分都与其他部分及整体相互依赖、相互作用，生态共同体的每一部分、每一小环境都与周围生态系统处于动态链之中。处于任何一个结点的小环境的有机体，都影响和受影响于整个有生命的和非生命的环境组成的网"①。创新是生产力的灵魂，人类社会的绿色生产力的转型就是创新的生态转型，也是生态文明呼唤的科技创新的绿色化。

绿色高铁（唐车人的壮举）：组装生产现场（动车组）

三、绿色科技创新对生态文明建设的引领和支撑

马克思曾指出："科学技术是最高意义的革命。"新的绿色科技创新不仅仅是技术的升级换代，更是对人类发展理念、社会技术支撑体系和市场需求的变革。绿色科技创新引领和支撑着人类的生态文明建设。

（一）绿色科技创新有利于人与自然的和谐共存

人和自然的矛盾很大程度上体现为科学技术与自然之间的矛盾，科学技术并不是人类困境出现的根源，科学技术的发展也不应当为人类面临的生存困境负责，造成人类生存环境恶化的主要原因在于选择、引导、支配科学技术运行的价值观，绿色科技创新将自然的生态价值看做对人类的任

① 卡洛琳·麦茜特. 自然之死［M］. 吴国盛，吴小英，曹南燕，叶闯，译. 长春：吉林人民出版社，1999：122.

何活动都具有决定意义，绿色科技创新的系统性要求技术运用的主体摒弃传统的"主客二分"的思维方式，将人与自然之间的关系看做主体与客体、个体与整体、要素与系统之间的关系，这种价值观正是由生态后现代主义的观点形成的，体现了绿色科技创新的哲学内核的历史传承性。绿色科技创新体系强调发展绿色技术，追求通过最少的资源消耗、最小的污染破坏来达到最佳的生态效益。因此，绿色科技创新体系实现了技术价值从传统的自然观向和谐自然观的转变，绿色科技创新系统是人类对于人和自然关系的更加深刻和完美的理解，绿色科技创新体系对于人类从工业文明发展模式向绿色文明发展模式的转变有重大意义，并推动整个社会走向经济发展、生活富裕、生态良好的循环之路。绿色科技创新体系的扩大为绿色文明建设和社会可持续发展提供了切实可行的道路。

（二）绿色科技创新为生态文明提供技术支撑

生态文明的发展是系统工程，需要社会的生产、生活方式的全方位的转换，这种转换需要借助科技的力量来完成，生态文明的发展需要绿色科技的支撑。绿色科技是以绿色意识为指导、以人和自然和谐相处为价值判断，以有利于节约资源、减少污染、促进社会、经济与自然环境协调发展的科学与技术。绿色科技的范围非常广泛，有利于生产力、资源节约和改善环境的技术都可以称之为绿色技术。可以把范围广泛的绿色科技分为清洁生产技术、环境治理技术、生态环境持续利用技术、节能技术、新能源技术等，它们构成了生态文明发展的科技支撑体系。绿色科技体系可以提高资源的利用效率、转变资源的利用形式、扩展资源的利用空间、改变人类的生产生活方式。绿色科技创新是从生产的源头开始，在生产链的各个环节和产品的整个生命周期中，都考虑节能降耗、预防污染，尽可能地不给生态环境造成新的压力，是从源头上来进行环境治理，从根本上促进生态文明的发展。

（三）绿色科技创新引导市场需求

化解生态危机不仅需要生产模式的转变，更需要在消费模式上进行革命性的转变，需要消费者树立绿色消费观，形成一种环境友好、可持续的消费模式，即生态文明建设下的绿色消费观和绿色消费模式。绿色消费观就是倡导消费者在与自然协调发展的基础上，从事科学合理的生活消费，提倡健康适度的消费心理，弘扬高尚的消费道德及行为规范，并通过改变消费方式来引导生产模式发生重大变革，进而调整产业经济结构，促进生态产业发展的消费理念。绿色消费观和绿色消费模式的建立，决定了消费者在消费过程中有意识地选择和使用利于自身和公共健康的绿色产品。绿色科技创新会为市场带来大量的物美价廉、品种多样的绿色产品，以满足日益高涨的绿色消费需求，提高人民的生活质量和品位。

科技创新支撑着人类文明的存在与发展，科技创新的转换往往伴随着人类文明的转型，从当前技术范式的绿色化转型中我们可以看出，建设生态文明已经对人类的科技创新的模式和理念提出了新的要求，同时，人类科技创新的绿色化转型又对人类文明的转型提供了动力和目标，推动人类社会走上一条生态绿色的发展道路。

5

生态文化：生态文明建设的核心价值[*]

生态经济学家认为，现代文明的经济是"自我毁灭的经济"[①]。当现代文化将反自然倾向推向极端时，人类面临着自诞生以来最为严峻的考验：我们能否以文化生存的方式与地球生态系统和谐共存？换言之，超越了动物生存状态的人类文化可否不采取反自然的形态？这是 21 世纪的人类必须全力探究的问题。日渐严重的生态危机已不允许地球人再犹豫、徘徊，人类必须拿出足够的勇气来面对、来解决。为了避免人类主体自掘坟墓的悲剧发生，理性的人们必须反思危机背后的原因。对于环境危机、生态恶化的问题绝不能单纯地、抽象地从人与自然的关系中去寻找原因，而必须从人自身来寻找原因。那么人自身的原因何在？在于生态文化的缺失。因此，解决当下的环境危机，必须要在价值观上实现变革，在全社会大力培育社会主义生态文化，这是中华民族实现美丽中国的必经之路。

一、生态文化的内涵

生态文化是一种社会文化现象，是一种人与自然协调发展、和谐共进，能使人类实现可持续发展的文化，它以崇尚自然、保护环境、促进资源永续利用为基本特征。生态文化就是由生态意识、生态消费、生态心理和生态行为共同构成的文化系统，这四个方面是相互联系的，只有在生态

---

　　* 本文原载林业经济 [J]. 2009 (11). 原名为：低碳经济视域下的生态文化建设。
　　① 莱斯特·R. 布朗. 生态经济：有利于地球的经济构想 [M]. 林自新，等，译，北京：东方出版社，2002：5.

意识的指导下，养成良好的生态习惯、形成积极的生态心理，才能在行为上走向生态性；而生态行为上的良性结果，又会强化生态意识，提升生态心理的预期，形成当代人类最深刻的生态觉悟。生态文化作为一种社会文化现象，具有广泛的适用空间，是一种世界性的文化。

生态文化是生态文明建设的核心，生态文明建设要靠生态文化的引领和支撑。生态文明对生态文化建设的基本要求是，确立生命和自然界有价值的新的文化价值观，摒弃传统文化中"反自然"或"人统治自然"的错误观念，走出"人类中心主义"的思想桎梏，形成以生态伦理、生态正义、生态良心、生态责任等为主要内容的生态文化价值体系，培养人们理性处理人与自然关系的高度自觉和文化修养，建设以人与自然平等、和谐、互惠、互利为价值观基础的新文化。

二、生态文化的构成要素

生态文化是由生态意识、生态消费、生态心理和生态行为构成的文化系统。其中生态意识是灵魂和基础。

（一）生态意识

生态意识是一种反映人与自然环境和谐发展的新的价值观，强调从生态价值的角度审视人与自然的关系和人生目的，是现代社会人类文明的重要标志。它注重维护社会发展的生态基础。它反映人和自然关系的整体性与综合性，把自然、社会和人作为复合生态系统，强调其整体运行规律和对人的综合价值效应；突破过去那种分别研究单个自然现象或单个社会现象的理论框架与方法论局限；要求把人对自然的改造限制在地球生态条件所允许的限度内，反对片面地强调人对自然的统治，反对无止境地追求物质享乐的盲目倾向。

（二）生态消费

生态消费是从满足生态需要出发，以有益健康和保护生态环境为基本内涵，符合人的健康和环境保护标准的各种消费行为和消费方式的统称。它是指消费者对绿色产品的需求、购买和消费活动，是一种具有生态意识的、高层次的理性消费行为。生态消费包括的内容非常宽泛，不仅包括绿色产品，还包括物资的回收利用、能源的有效使用、对生存环境和物种的保护等，可以说涵盖生产行为、消费行为的方方面面。生态消费是一种符合人类可持续发展的消费行为。随着社会生产的不断进步，人们的消费需求由低档次向高档次递进，由简单稳定向复杂多变发展。这种消费需求上的变化在一个侧面反映了经济社会的进步状态。

（三）生态心理

生态心理是指承认人与自然是一体的，不可分离的，同时，自然参与人的心理建构，形成人类心理健康。美国前副总统阿尔·戈尔曾指出："我对全球环境危机的研究越深入，我就越加坚信，这是一种内在危机的外在表现。"① 而"内在危机"的本质就在于人的心理与自然的割裂。近年来，经常发生的"山体滑坡"现象、热带海洋风暴、东南亚的海啸事件以及美国东部频繁发生的飓风等都深刻地说明了这样一个道理："大自然不因为你的个人行为的合理性而不惩罚你，无辜的受到伤害的个体必然会产生生命意义的危机感。现代社会对人最大的戕害不是原子弹（当然不应忽视原子弹的危害），而是人的生存意义的丧失，由此造成对人的本质生命的剥夺。"德国著名生态哲学家汉斯·萨克塞对此也作出过深刻的分析，他指出："如果我们对生态问题从根本上加以考虑，那么它不仅关系到与技术和经济打交道的问题，而且动摇了鼓舞和推动现代社会发展的人生意义。"② 人类想摆脱生态危机，需要将批评的视角向人的心理延伸，关注人的心理建构的自然维度，形成良好的生态心理。

（四）生态行为

生态行为是在生态文明意识的指导下，人们在生产、生活实践中推动生态文明进步发展的活动，包括绿色生产方式和绿色生活方式两方面。生态问题的根源在于人类自身，在于人类的活动和行为。解决生态问题归根

① ［美］阿尔·戈尔. 濒临失衡的地球：生态与人类精神导论［M］. 陈嘉映，等，译. 北京：中央编译出版社，1997：24.

② 汉斯·萨克塞. 生态哲学［M］. 文韬，佩云，译. 北京：东方出版社，1991：3.

结底需检讨人类自身的行为方式，节制人类自身的发展，既要节制人口的发展，也要节制生活便利的发展。人类社会的发展，总是在利益的获取、生产和生活资料不断得到满足的实践中实现的，在追求利益的过程中，在人类社会与自然环境构成的系统中，社会的组织方式、主体的行为方式始终是主动的方面，如果人的社会行为失控，必然会产生生态安全问题。美国经济学家加勒特·哈丁曾经用一个著名的"公有地的悲剧"说明了不恰当行为模式的后果，"公有地"在人们追求自己最大利益的过程中走向灭亡。在追求利益的疯狂中，违规扩盖、随意停车等现象屡禁不止；占用马路、楼道、公用广场等行为频繁发生；肆意排放废气和废水等问题愈演愈烈。为了让"公有地的悲剧"不要愈演愈烈，必须要改变人类的生产和生活方式，让生态行为成为普遍的行为习惯。

三、大力培育社会主义生态文化

（一）大力普及生态知识，培养公众广泛的生态意识

生态文明建设要求我们必须大力培育公众的生态意识，使人们对生态环境的保护转化为自觉的行动，为生态文明的发展奠定坚实的基础。根据我国的国情与公众的实际，通过一系列行之有效的手段，培育公众的生态意识，是生态文明建设的根本路径。要营造良好的社会氛围；广泛开展生态环境保护的宣传教育，积极宣传环境污染和生态破坏对个人和社会的危害；树立保护环境人人有责的社会风尚；建立和完善环境保护教育机制，把生态道德教育贯穿于国民教育的全过程，帮助公众树立正确的生态价值观和道德观；还要完善相关的生态法律，培养公众的生态法律意识。广泛传播生态知识和法律知识、介绍生态法律规范以及实际适用生态法律规范，以便能够对人的意识施加影响，使其具有接受、反映和表达生态问题的能力，以及运用生态法律规范的技能，使生态法律为公民生态化行为提供依据和保障，为生态治理和建设过程中引发的矛盾和纠纷提供解决途径。

（二）倡导生态消费，培养正确的消费理念

针对社会上不文明和非生态的消费观念，应从思想教育入手，使人们

逐步树立起正确的消费观念。要从环境理论、人类可持续发展的高度，使人们明确奢侈、浪费观念的危害性，帮助人们从"人类中心主义"中解脱出来，自觉控制自己的行为，合理节制自己的欲望，自觉树立人与自然界生态协调、同整个人类生存空间和谐的可持续发展的消费观念；必须注重生态消费精神的积淀培养，以培养和造就素质高、有涵养、能力强的理性消费公民为目标，优化消费环境，使不同阶层消费者的消费观念和消费行为趋于生态化、科学化和人性化；必须建立和健全相关的消费法规与制度政策，加强消费的监督能力，注重发挥民间组织对消费过程、消费效能的监督作用，提高公民消费方式的文明水准与生态度。

（三）培养生态心理，丰富人的精神世界

应当从人与自然之间的整体秩序遭到破坏的现实中幡然醒悟，从人类生存意义的视角理性地去面对自然、亲和自然。人类的进化主要不是生物进化，而是文化进化。它是通过人的心理和行为活动方式的进化来实现的，而人的心理和行为活动的方式的进化又是人类把握、利用、开发、创造和实现信息的方式的进化，即人类社会本质的进化。因此，我们应该从这样的高度来认识生态心理预期的重要性，让人们在安全、优美的环境中对未来充满信心。关注人的心理建构的自然维度，让自然环境参与人的心理建构，正是对现代人心理与自然相分离的医治和弥合。自然通过潜移默化、润物无声的方式，无时无刻不在滋润着人类的心灵，促进人的心理走向健全和丰满。正如泰戈尔所说："在灿烂的阳光下，在绿色的大地上，在人类美丽的面容上和丰富的人类生活中，甚至在那些看来不重要、无吸引力的客体中，一定会看到天堂的美景。大地处处洋溢着天堂的精神，散发着它的福音，它在我们毫无知觉的情况下进入我们的内心之耳。"① 大地的精神同构着人类的精神，无际的田原孕育着完满的心灵。人类精神的创伤、心灵的空泛，在于人类远离活生生的自然、失去自然的抚育和浸润造成的，因此，重建人与自然的天然联系就成为拯救人类精神困境的必由之路。

---

① 鲁枢元. 自然与人文［M］. 上海：学林出版社，2006：490.

（四）培养生态行为方式，推进绿色生活运动

在"以人为本"价值观的指导下培养公众的生态行为方式，让文化渗透于物质资料的生产方式之中。必须变革传统的非生态实践模式，不管是生产工具的设计和使用，还是对自然资源的采撷和利用，在谋取生产和生活资料的过程中，都应该在文化的这种较高层次的约束下，克服人在生物体上的贪婪，提升人的品位和社会档次，唤起人性觉醒。因为"实践作为主体对客体的变革和改造，并不必然地表现真善美，并不必然地体现出价值。以生态现代化为目标导向的绿色实践会给人类带来和谐稳定，使人类享受到幸福安康。而非绿色的实践，如毁林造田、过度地放牧和捕捞、随意地污染环境，只会给人类带来负价值"①。要充分发挥社会民间组织的作用，建立起社会层面的公众参与机制，引导公众转变生活方式，倡导绿色生活。马克·佩恩在《小趋势》中说道："在今天的大众社会，只要让百分之一的人真心作出与主流人群相反的选择，就足以形成一次能够改变世界的运动。"因此，推广绿色生活方式有必要让民间的绿色生活团体和机构迅速发展起来，塑造起绿色的示范阶层，以对其他生活主体发挥直接或间接的积极的示范效应。要通过 1% 的人群积极推进绿色生活运动，去动员、组织、示范和推广绿色生活方式的知识、经验和技术，培养和提高公众绿色生活的能力，唤起公众的可持续发展意识，从而使既定的风俗习惯得到优化。绿色生活运动可以包括很多内容，如建立"绿色生活圈"，组织人们在各自的社区聚集讨论怎样使生活绿色化的方式、方法；向社区居民免费发放资源节约宣传资料、科普读物和宣传画，宣传低碳出行、拼车、拼饭、循环用水，介绍以工换食宿（WWOOF）的新型环保旅行方式，等等。

---

① 方世南. 生态现代化与和谐社会的构建［J］. 学术研究，2005（3）.

6

机制创新：生态文明制度体系建设需要协调的五大关系

十八届三中全会提出了生态文明制度体系建设，这表明我们党对生态文明的认识，从局部走向整体、从零散走向系统、从初步探索走向理论成熟。生态文明制度体系建设，是一项全新的、复杂的系统工程，同时面临难以解决的诸多矛盾和体制障碍。要对已有制度体系进行重大改变和调整，需要用符合生态文明时代要求的哲学思维来系统谋划。当前需要处理好以下五大关系。

一、把生态和环境区分开并处理好两者的关系

生态和环境是两个不同的概念，必须把这两个概念区分开来，并要协调好两者之间的关系。环境可以理解为人类生活的外在载体或围绕着人类的外部世界。用科学术语表述就是指，人类赖以生存和发展的物质条件的综合体，实际上是人工生态系统，主要包括农田生态系统和城市生态系统。生态是指自然界所有生物赖以生存和发展的物质条件的综合体，包括人工生态系统（环境）和自然生态系统（如森林生态系统、草原生态系统、江湖近海生态系统和湿地生态系统等）。因此，生态包含着环境，环境只是生态的一个部分，两者相互依存、相互影响。并且，自然生态系统的优劣直接影响和决定着人工生态系统的存亡。

人类的活动主要集中在城市与农田两大生态系统中，环境的破坏直接损害的也是人类赖以生存的城市和农田生态系统。不仅如此，由于城市和农田生态系统处在不断的扩张之中，必然会影响到其他自然生态系统的安全（如过度伐树、过度放牧、多度养殖捕捞、围护造田）。如果整个生态

系统处在退化之中，局部的环境治理只能是治标不治本，没等旧的环境问题解决好，新的环境问题又跳出来了。所以，治理环境问题一定要放在生态系统维护的大视野当中去谋划。

城市和农田生态系统的扩张对整个生态系统是起负作用的，而森林生态系统、草原生态系统、近海湿地生态系统等对整个生态系统则是起正向作用的，尤其是森林生态系统对整个生态系统的稳定和安全起着决定性的影响。推进生态文明制度建设我们必须运用战略思维，着眼于对整个生态系统的维护，不能把对城市和农田的环境治理当做生态文明建设的全部。

二、处理好顶层设计和现实可操作性的关系

顶层设计作为一种方法，就是从全局性、战略性、系统性思考面对的问题，提供一个整体性的解决思路和方案，追求的是一种理想的目标。做好顶层设计，就是要制定出一套符合国家未来发展战略和目标的生态文明制度建设规划。

现实的可操作性是对现实中遇到的重点、难点、急迫问题的解决，提供一个切实可行的方案和措施，注重的是一种实际的效果。在生态文明制度体系建设上，我们要运用辩证思维，把顶层设计和现实可操作性结合起来。离开顶层设计，只关注解决实际问题，往往会迷失方向；但只关注顶层设计，不与现实问题接轨，又会造成内在动力缺乏，成为空中楼阁。只有把"顶层设计"的目标与现实可操作性有机结合，"顶层设计"才有生命力，现实操作才有大方向。

三、处理好生态文明建设功能定位与行政管理体制匹配的关系

当前，在推进生态文明建设实践中，存在生态维护、环境治理功能定位模糊，导致管理部门之间职能不清、互相交叉的现象，甚至存在多头管理和无人管理的现象。尽管中央高度重视，部门和地方政府也不断加大治理力度，但一些环境问题（雾霾、水土流失）还在恶化之中，整个生态系统仍处在退化之中。

之所以出现这种现象，就在于我们的思维还停留在先污染后治理、边

污染边治理的理念上。十八届三中全会明确提出了确立源头保护、过程治理和重大环境事故惩处等全过程管理，并强调了源头保护的极端重要性。

目前，我们对人居环境治理已经很重视。管理体制上，十七大后原国家环保总局升格为环境保护部，赋予并加强了相应的职能。但是，对于生态系统的源头保护我们重视不够。对整个生态、环境起关键作用的森林生态系统（包括湿地和荒漠生态系统），其行政管理职能由国家林业局承担，相对薄弱。加强生态文明制度建设，我们必须树立系统思维，在源头上要有制度保护和体制的建立，做强、做大源头的生态系统维护，为过程开发和环境治理提供更宽广的生态空间。建议整合国家林业局、水利部、国土资源部、发改委、环保部、农业部、国家旅游局等职能，建立森林与自然资源部。

十八大提出五位一体的总体布局，特别是提出要把生态文明融入其他建设的全过程。这个过程的实质不是在其他建设中重视生态文明建设，而是优先把自然和人工生态系统维护好，我们的经济建设、政治建设、文化建设、社会建设才有了持续发展的根基和保障。

四、处理好近期与长远的关系

生态文明建设是一个只有起点没有终点的世代工程，是造福子孙后代的千秋伟业。而我们的各级领导干部都有任期，更关注任期内能解决的问题。所以生态文明建设推进困难，一个原因就在于干部任期的有限性与生态文明建设无止境的矛盾。

在生态文明制度体系建设中，要学会运用创新思维来处理好近期与长远的关系。根据十八届三中全会提出的生态文明制度建设的总体目标和路线图，我们要先区分出哪些是影响国计民生、老百姓身心健康、党和政府形象，当下必须要解决的问题（比如雾霾、水污染、食品污染、重金属污染），这些问题主要存在于人工生态系统中，通过结果的考核来调动干部的积极性。因为这些问题看得见、摸得着、危害大，治理虽有难度，但在干部任期内就会有改善，易于考核。对于沙漠治理、水土流失治理，以及森林、草原、湿地等生态系统的维护和修复，尽管投入大，但往往 10 年、20 年才能见效，超出了一任甚至两任干部的任期，干部的积极性难以调动起来。但生态系统的安全和进化是决定人类长远生存发展的根本保障，必须纳入国家长远治理规划。因此，针对这类问题，通过过程考核来调动干部的积极性。我们在制定生态文明制度时既要考虑当前的生态国情，实现近期的生态目标，又要有长远的思考，以大视野、大思维谋求生态文明建设的长远目标。

五、处理好国家发展战略实施与调动地方积极性的关系

推进生态文明制度体系建设，既要考虑国家宏观发展战略，又要立足于地方具体发展实际；既要考虑区域间的协调和平衡，又要发挥地方的积极性、主动性。

国家发展战略着眼于国家层面，注重宏观决策、长远发展和区域平衡，而地方发展模式则更关注实际问题和近期效益。目前，国家把实施主体功能区规划作为建设生态文明中需要加快推进的国家发展战略，尽管国务院 2010 年就已发布，但在地方层面还没有得到有效落实，通过人大立法来加以贯彻落实的更是凤毛麟角。

主体功能区规划之所以会出现中央与地方不合拍、不一致，关键就在于地方都希望划出更多优先开发、重点开发区域，对限制开发、禁止开发区域，因丧失发展机遇而报以消极态度。要有效推进主体功能区战略，必须充分调动地方的积极性、主动性，我们要运用底线思维，一方面，对于限制开发和禁止开发区域，必须划定生态保护红线，严加监管，一票否决；另一方面，在转移支付、生态补偿、税收和信贷优惠、对口支援等各领域给予大力扶持，让"保护环境就是发展生产力"的理念深入人心，让为保护环境作出贡献的干部和百姓获得更多实惠。

十八届三中全会提出的生态文明制度体系建设，本身内含丰富、寓意深刻，需要认真学习，深刻领会。在制定过程中，因涉及各个领域、众多部门，需要国家在"全面深化改革领导小组"下成立生态文明体制改革专门机构牵头组织制定，既要吸取国外的经验，又要结合中国的实际；既要依靠专家学者，也要倾听百姓意见；既不能操之过急，又必须行之有效。只要我们运用哲学思维来分析和协调好五大关系，就一定能把生态文明制度建设推向前进。

7

协同发展：京津冀一体化下的环境布局

2013 年以来，京津冀一体化的概念越来越热。习近平总书记十分关心京津冀协同发展的问题。2013 年 5 月，他在天津调研时提出，要谱写新时期社会主义现代化的京津"双城记"。2013 年 8 月，习近平在北戴河主持研究河北发展问题时，又提出要推动京津冀协同发展。此后，习近平多次就京津冀协同发展作出重要指示，强调解决好北京发展问题，必须纳入京津冀和环渤海经济区的战略空间加以考量，以打通发展的大动脉，更有力地彰显北京优势，更广泛地激活北京要素资源，同时天津、河北要实现更好发展也需要连同北京发展一起来考虑。2014 年 2 月 26 日，习近平总书记主持专题讨论会，在听取京津冀协同发展工作汇报时强调，实现京津冀协同发展是一个重大国家战略，要坚持优势互补、互利共赢、扎实推进，加快走出一条科学持续的协同发展路子。京津冀一体化至少在五个方面具有协同发展的可能性和必要性，即基础设施、产业协同、资源流动、公共服务和生态环境是京津冀三地加强协作、共赢发展的重要领域。其中，尤为重要的是如何实现在环境保护方面的一体化。

近年来，环境污染问题一直阻碍着京津冀地区的发展，特别是 2013 年的严重雾霾天更是牵动三地每一个人的心。据统计，2013 年年均 PM2.5 浓度最高的 10 座城市中，有 7 个位于河北省。北京的五级和六级重污染天数累计出现 58 天，占全年总天数的 15.9%，平均下来，相当于每隔 6 天或 7 天，就会出现一次重污染天气。北京市虽然采取了多种措施治理大气污染，但成效甚微。其中一个根本原因是以往的治理只是局限于北京市，而缺少周边地区的协同，这样肯定不能从根本上解决空气污染问题。因此，只有建立京津冀区域联防联控机制，在一体化下的环境布局上采取共同步调，分阶段推进区域空气质量改善，才能为其他方面的一体化保驾护航。

一、环境布局的重点应着力解决大气污染问题

京津冀地区有很多企业都是"三高"企业，北京正在推动产业结构调整，确定外迁一批企业，主要涉及化工、家具制造、建材、服装纺织、铸造等行业，但是简单地把这些"三高"企业迁移到河北或天津并不能真正解决雾霾问题，正确的解决方法是坚决关闭那些不符合绿色发展的企业，对于排放达标的企业也加强监督，避免超标排放。河北省是大气污染最严重的地区，必须转变粗放式发展的经济增长模式，要解决产能过剩的问题，钢铁、水泥的产量要大幅度压缩，煤炭的使用量也要大幅度削减，虽然暂时会影响河北的经济增长，但是从长期来看却是利多于弊。天津地区的雾霾源主要是土壤、沙尘，这与地处华北平原的环境有很大关系，需要结合京津冀三地的环境布局来加以解决。

二、土地沙化和沙尘暴是环境布局需要解决的第二个重要问题

京津冀地区是风沙活动和沙尘暴高发区，北方地区每年春季的大风或强风天气和干旱少雨、气温较高的环境是产生沙尘暴的必要条件，但是人为的活动也是增加沙尘暴不可或缺的条件之一，特别是北方地区土地荒漠化现象比较严重，河北农牧交错地带的土地退化异常严峻。其影响不仅使公路、机场因能见度低而较易引发各种交通事故，而且还会伤害人们的眼睛和呼吸系统，损害人们的健康。近年来，虽然开展了"三北"防护林、京津风沙源治理工程、坝上生态农业、首都周围绿化和退耕还林等工程，沙尘天气虽有减少，但却没有根本遏制住沙尘天气的出现。必须加大植树种草的规模，提高植被的覆盖率。植树必须与种草结合起来，单纯的树林是不能有效减弱"尘暴"的，需要把裸露的土地用更密集的草被捂盖住，才能从源头上治理。做好京津冀地区的水土保持工作，大力发展园林经济，既能发展经济，又能防治空气污染和土壤沙化，是一举两得之事。

三、环境布局还要重视水资源短缺和地表水污染问题

北方地区普遍水资源短缺，京津冀地区水资源的供求矛盾也很激烈。北京常住人口多，用水标准在提高，用水量不断增加，北京主要依靠水库作为基本水源地。虽然南水北调能够缓解一部分供水紧张的情况，但是对水库的依赖程度不会有很大幅度的下降。北京的地下水位下降，出现地下水位漏斗，因此依靠地下水的开采方式也不能解决问题。再加上上游地区人口和经济社会的发展，对水资源的需要日益增多。如何解决区域内的水资源分配是必须要正视的一个问题。此外，供水的水质有恶化的趋势，地表水和地下水源都受到不同程度的污染，部分水库出现富营养化现象，并呈加剧之势。因此，要借南水北调的水减轻供水的压力，加大雨洪资源的利用，打造森林、湿地的生态走廊，利用沿海地区的海水淡化，增加淡水资源总量，保障三地的生活和工业用水。

虽然还有其他诸如固体废弃物的处理、洪涝和泥石流、山体滑坡等生态环境问题，但是主要还是要下大力气解决以上三个问题。京津冀的生态环境是一个整体，必须采用一体化的措施来解决生态问题。在区域内部，根据生态环境容量，合理布局城乡居民点、工业、农业生产和其他产业的发展。各种环境问题交织在一起，因此，要站在全局的高度，用系统的观点分析问题、解决问题，不能局限于本行政区内的一亩三分地。通过三地的综合规划、建设和治理，用制度、法律、行政等手段约束和规范各方行为，通过观念创新、机制创新等形式促进京津冀一体化的发展。环境布局是京津冀地区的重要一步，必须在解决生态问题的基础上才能谋求一体化的经济体系，而不能再走"先发展、后治理"的老路。绿色GDP的核算包括水、阳光、空气、土地、环境容量和生态承载力等，它们都是资源，都是有价值的，维护生态环境不仅仅是在消耗价值，而是在创造更大的价值。京津冀地区的各级政府、普通民众要树立一体化的观念，承担起各自的责任，为走出一条科学、合理、持续发展的路子进行探索、做好准备。

低碳城镇化：生态文明建设的现实选择[*]

回顾人类文明的发展史，技术始终贯穿在城市化的过程中，并发挥着重要的作用，特别是在工业革命之后，技术更是帮助人类取得了前所未有的成就，世界城市化呈不断加速之势。1800 年，世界城镇人口比重仅为 5.1%，1850 年也仅为 6.3%。此后，随着进入工业化国家的增多及工业化进程的加速，世界城市化进程大大加快，1900 年全世界城镇人口的比重为 13.3%，1950 年为 29.0%，2005 年为 48.7%。尤其是在发达国家，74.1% 的人口都居住在了城市；发展中国家的这一比例也已经达到了 42.9%。发达国家的城市化已基本完成，而发展中国家正跨入城市化快速发展的中期阶段，城市化发展速度不断加快。正因为世界上数量更多、人口更多的发展中国家，将相继经过城市化的快速发展阶段，所以尽管发达国家的城市化已经放缓，但整个世界仍然处在城市化的快速增长期。城市化并没有只把美丽的鲜花和幸福的果实带给人们，危机四伏、扭曲人性的近代工业技术文明，使得人们对技术理性产生了怀疑。"病态社会"、"单面人"、核武器扩散及全球生态危机，激起了人们对技术的激烈批判。特别是 20 世纪中叶以后，生态环境的急剧恶化以及生态环境运动的兴起，对当代技术的发展提出了新的要求。面对不断升高的海平面、不断融化的冰川和日趋变大的南极臭氧空洞，如何看待技术给人类社会带来的负面影响，如何利用技术来解决城市化过程中的问题，如何在探求技术发展规律的基础上促进技术范式的转化，成为人类发展所面临的重要选择。可持续

---

* 本文原载经济发展方式转变与自主创新：第十二届中国科学技术协会年会（第一卷）[C]，2010. 原名为：城市化发展中的低碳视域。

发展思想的形成带来人类对生态文明社会的新追求，生态文明中技术范式的低碳化，也成为人类在城市发展中需要考量和推动的重要课题。

一、中国的城市化带来的问题

近年来，我国城镇化进程已明显加快。根据相关数据显示，2000 年，我国城镇化水平为 36.22%；到 2013 年，城镇化水平增长为 53.73%，城镇常住人口达到 7.31 亿人。城镇化具体表现为城镇经济的快速增长、空间的不断扩张、建筑密度的增大，与此同时，在许多大、中城市出现了诸如能源短缺、大气环境质量恶化、中心区人口密度过大等问题。快速的城镇化进程必然会给城市带来更为严重的社会、经济以及环境问题，同时也对我国的能源安全构成了威胁。2013 年，我国全年能源消耗总量为 37.5 亿吨标准煤，比上年增长 3.7%。可以看出，我国能源消耗巨大，随着城镇化速度的加快，特别是高耗能产业的快速增长，我国的能源消耗还会进一步加大。据估计，我国煤炭剩余可采储量为 900 亿吨，可供开采不足百年；石油剩余可采储量为 23 亿吨，仅可供开采 14 年；天然气剩余可采储量为 6310 亿立方米，可供开采也不过 32 年①。城市化的过度加快和不计后果只看经济增长的生产模式，还产生了诸如对水资源的超标使用和污染严重、城市热岛效应、固体废物污染、光污染、大气污染、噪声污染等不良后果。

二、现代技术范式的困境和缺陷

城市化是现代工业社会的标志，而在以现代技术范式为核心的工业社会中，自然物质生产与社会物质生产之间存在着尖锐矛盾，现代技术支撑的社会物质生产"其技术原则和组织原则是线性的和非循环的，它以排放大量废弃物为特征"②。现代技术范式的经济上的成功导致了生态学上的失败，技术范式扩张所产生的危害已经威胁到了人类的生存和发展。"美

---

① 全伟. 我国能源与城镇化关系研究综述［J］. 城市问题，2009（8）.

② 余谋昌，王兴成. 全球研究及其哲学思考："地球村"工程［M］. 北京：中共中央党校出版社，1995：189.

国战后技术变迁产生的，不仅是宣布了具有很多预示意义的国民生产总值上的 126% 的增长，而且有一个在比率上高于国民生产总值 10 倍的环境污染水平的上升"①。现代技术范式的反生态性来源于其科学基础的还原性的性质。技术的谬误，看起来是源于其科学基础支离破碎的性质，"技术在生态上的失败可以溯源到技术的科学基础的相应失败"。城市化依赖的现代技术范式是建立在人完全束缚在技术的框架之中，人是技术统治和支配的工具，人类在按照技术规划的路线去行动。生态环境是肆意掠夺和剥削的原料，日益加剧的功利思想，造成了人类严重的生态危机。

（一）现代技术发展理论的缺陷

传统的工业范式是"原料—产品—废料"的发展模式，这种模式是典型的非循环和不可持续的发展模式。社会物质的生产是从自然界中取出物质，而在传统的经济模式下，由于利用率的低下，转化为产品的物质仅仅占取出物质的 3%~4%，剩余的均以废弃物的形式被排放到了自然界中。这种"大量生产、大量消费、大量废弃"的生产模式给全球的生态系统带来了毁灭性的打击。人类认为技术是为了满足社会需要，依靠自然规律和自然界的物质、能量和信息来创造、控制、应用和改进人工自然系统的手段和方法，经济发展使得自然成了一个看似取之不竭用之不尽的资源库，人工自然的发展伴随着自然功能化的加剧。

（二）发展目标上的缺陷

传统的发展模式是唯 GDP 论，以工业增长的速度和国家工业化的水平作为实现现代化的标志，因此带来了生态环境的急剧恶化、资源匮乏、生物多样性的减少，使得经济发展最后陷入了缺乏生态基础而难以可持续发展的困境。

（三）价值观上的缺陷

现代技术范式的价值观是人类中心主义。人类中心主义在推动人类工

---

① 巴里·康芒纳. 封闭的循环：自然人和技术 [M]. 候文惠，译. 吉林：吉林人民出版社，1999：116.

业文明的发展、人类认识世界和改造世界中发挥主观能动性起到了一定的作用。但是，随着人类过分地陶醉在对自然界的胜利中，人类中心主义冲破了限制，无视自然的存在和价值，过分扩大人的主体性和放纵人的理性，成了一种凌驾在自然界之上的专制主义。技术摒弃了自然界以及人类本身所固有的法则和规范，代之以技术以及技术应用的法则和规范。技术圈是一种通过人类的发展所建造出来的人类生存与发展的新型环境，具有强烈的非自然、技术化和机械性的色彩。它不仅通过自身逐渐形成的独立完整的结构和功能，把对人类生存和发展最具根本意义的自然生态圈屏蔽在外，而且也对自然生态圈的过程、关系和秩序产生大规模的干扰和影响①。

（四）技术的累积效应的缺陷

如果现代人以他们过去对待自然的方式来对待技术，他们便无法摆脱技术宿命论。确实，如果采取普罗米修斯的态度来看待技术，人们便不得不依赖更多的技术来取得对技术本身的控制。人类曾利用技术征服自然，但如果他们在过去尊重了自然，他们便会创造出完全不同的技术。除非他们放弃对技术的毫无节制的使用态度，否则他们在调节技术增长的过程中还会继续犯同样的错误。像自然那样，技术也不可能轻易地被控制。因为技术正如自然一样，有它自己的节奏。我们不应当要求机器、工具和电脑完成超出它们能力以外的任务，否则它们会以自己的逻辑对待我们，并会使其制造者机械化。② 技术的累积效应是指顺序相承的各种生存技术每隔一段时间就出现一次革新，它们对人类的生存状况必然产生很大的影响。③ 随着该技术被人类在较大范围内使用并转化为现实生产力，这种非线性的、负面的、外在的影响日益明显。技术的大量使用，无疑暂时增强了人类征服自然的能力，但它的负面影响可能要在若干年后才能表现出来和被发现。当前的人类面临的全球生态环境问题无疑就是技术累积效应负

---

① 张兴. 现代技术范式的生态化转向研究［D］. 成都理工大学硕士学位论文，2005.

② 丹尼斯·古莱特. 靠不住的承诺：技术迁移中的价值冲突［M］. 邾立志，译. 北京：社会科学文献出版社，2004.

③ 路易斯·亨利·摩尔根. 古代社会［M］. 北京：商务印书馆，1972：8.

面影响的一个表现，同时也反映了技术累积效应的滞后性。①

三、现代技术范式的低碳化转型

众所周知，城市化所带来的三大"过剩"问题——人口过剩、技术过剩、消费过剩，都是从生态危机角度提出来的。其中对技术的反思是现代性批判的中心话题之一。因为技术已成为改变人类与自然关系的主导力量，尤其是现代技术的发展对人类生存环境的影响，给人类的健康和生存带来了极大的威胁与危害，因此，人类不得不对现代技术的发展进行深刻的反思。生态文明作为人类文明的一种形态，以把握自然规律、尊重和维护自然为前提，以人与自然、人与人、人与社会和谐共生为宗旨，以资源环境承载能力为基础，以建立可持续的产业结构、生产方式和消费模式为内涵，以引导人们走上持续、和谐的发展道路为着眼点，强调人的自觉与自律，人与自然环境的相互依存、相互促进、共处共融。建设生态文明，促进技术范式的转型是长期艰巨的过程，不会一蹴而就，也不会一劳永逸。但是，我们可以看出技术的生态化和可持续发展的理念的形成已经成为这个时代的主旋律。

（一）技术的低碳化转型是城市可持续发展的必然要求

传统的发展理念是把发展等同于经济增长，这种只顾经济发展、忽视生态环境的狭隘的发展思路正是传统工业时代的真实写照。随着人类对面临的困境的不断反思，提出了新的发展理念，把发展理解为是经济增长、社会进步、环境改善的结合。随着可持续发展理念的提出，即发展是人与自然、社会三者协调基础上的发展，对技术的创新和转型提出了新的要求，要通过技术创新对原有的传统技术观进行革命性的变革，是对原有的工业文明的技术范式的高碳化的摒弃，促进技术范式的低碳化的转向。

（二）生态文明的兴起为城市技术转型提供了动力

生态文明是以可再生的生物能源代替化石能源为主要标志的未来人类

---

① 张兴. 现代技术范式的生态化转向研究 [D]. 成都理工大学硕士学位论文，2005.

与自然和谐相处的文明社会。生态文明是经济、社会、自然可持续发展的社会，是循环经济的社会和资源节约、环境友好的社会，是人类未来理想的居住城市。生态文明是人类社会继原始文明、农业文明、工业文明后的新型文明形态。目前，人类文明正处在由工业文明向生态文明转型之中。工业文明与生态文明的显著区别是，工业文明是以石油、煤等化石能源为主要动力，以机器大工业为主要生产方式的文明形态；生态文明是以太阳能为主的可再生生物能源代替化石能源为主要标志的未来人类与自然和谐相处的文明形态。支撑工业文明的化石能源是有限资源，大量使用会导致环境污染和资源枯竭，因而是不可持续的。可再生能源是取之不竭的，因而生态文明是可持续发展的社会、循环经济的社会以及资源节约、环境友好的社会。这就要求把低碳技术作为实现生态化发展的关键手段，彻底改变能源利用方式。不同的文明时代有不同的核心技术，每一次社会转型都是在重大技术突破的基础上发生的。耕种、饲养等技术的发明，使人类从迁徙的狩猎文明进入定居的农业文明，村庄和小型城市得以发展；以蒸汽机为先导的机器技术，开辟了化石能源大规模利用的工业文明时代，城市化迈向了新的阶段。当今低碳技术的开发应用，特别是大规模商用，将颠覆以化石能源为基石的工业文明发展模式，带来能源利用方式的全新革命，这便是核能和可再生能源逐步应用并最终取代化石能源的新时代，促进了人类城市的生态化、和谐化。生态文明是以可再生的生物能源代替化石能源为主要标志的未来人类与自然和谐相处的文明社会。

（三）当今城市能源问题的突出性需要技术范式的低碳化

当今世界生态环境的急剧恶化和资源的严重短缺，已经威胁到人类的生存和发展。可持续发展概念的提出为人类的发展指明了战略方向，生态文明是可持续发展的社会范型，而循环经济的提出，为实现可持续发展找到了经济发展的模式。随着科学技术的发展和生产观念的改变，人们提出了开发"绿色能源"是解决能源危机的重要途径。太阳能、地热能、风能、海洋能、核能以及生物能等存在于自然界中的能源被称做"可再生能源"，由于这些能源对环境危害较少，因此又叫做"绿色能源"，也是技术范式低碳化的重要体现。开发"绿色能源"，促进生产的低碳化是解决能源危机的重要途径。发展低碳经济，就是要彻底改变以化石能源为主的全球能源利用的结构，这就需要技术创新发挥重要的作用，通过技术的低碳化将能源利用方式转换成"绿色利用方式"，这是发展生态文明、创造人类美好未来的重要途径。

四、中国城市应对技术范式低碳化转型的对策

生态文明既是理想的境界，也是现实的目标。积极建设生态文明，努力促进人与自然和谐，是经济社会发展全局赋予环境保护工作最重要、最根本的时代重任，是推进环境保护历史性转变的目标指向，是新时期环境保护事业的灵魂所在。我们必须坚持用建设生态文明的战略眼光、战略思维和战略手段，来审视、谋划、解决我国突出的环境问题，摸索出一条代价小、可持续的环境优化、经济发展的城市化道路。

（一）将低碳经济发展融入工业化和城市化

中国目前是最大的发展中国家，我们正在快速进入城市化，这种快速的发展模式必将集中地带来一系列的问题。如何协调工业化、城市化和低碳经济的发展将是我国发展首先要解决的思路问题。将低碳经济和低碳技术融入新型工业化道路上，坚持把经济发展建立在科技进步的基础上，带动工业化在高起点上迅速发展；坚持注重经济发展的质量和效益，优化资源配置，提高投入产出效率和经济回报；坚持推广应用先进实用技术，千方百计提高能源资源利用效率，突破能源资源约束；坚持防治污染、保护生态环境，使经济建设和生态建设和谐发展。

（二）明确城市低碳经济的发展内容和途径

通过低碳经济，调整现行的能源密集和高排放的经济增长模式。鉴于目前紧张的能源资源和环境恶化问题，中国需要发展自己的能源利用方式和生活方式，建立区别于发达国家的发展模式。从我国能源的基本国情出发，科学安排能源布局。我国能源发展战略是节约为先、立足国内、多元发展、依靠科技、保护环境、加强国际互利合作。其中"多元发展"最重要的体现就是新能源的发展。但是，制定能源战略过程中，不能照抄照

搬国外经验，而应充分结合我国国情，坚持自主创新，避免陷入"引进—落后—再引进—再落后"的恶性循环。一是要从原始创新、集成创新和引进消化吸收再创新等方面入手，着力在新能源领域掌握一批核心技术；二是要建设以企业为主体、市场为导向、产学研结合的技术创新体系，促进科技创新资源高效配置和综合集成，推动科技成果向现实生产力转化，特别是新能源关键技术的示范和推广，政府应积极引导大众的低碳消费。经济发展政策和战略应当重新修订。应该由当地政府和银行部门推动技术创新和资本流动，推广低碳财政支持的专门知识。对于具有低碳发展前景或者低碳技术突破的产业，国家要大力扶植，通过财政和金融手段，解决产业发展面临的问题，促进技术范式低碳化的转变。

（三）调整城市能源比重， 提高可再生能源利用

降低煤在国家能源结构中的比例，提高煤炭净化比重，加速能源消费从以传统煤炭矿种为主向以现代石油和天然气矿种为主的结构转变是必然选择。这不仅是减少碳排放的有效途径，也是工业化和城市化发展的正常趋势。① 提高能源效率，重点改善城市的能源消费结构和效率，大力推广新能源的采用、低碳燃料的研发、传统化石燃料的清洁以及先进的发电技术等低碳技术。重点突破可再生能源等能源新技术的开发，倡导低碳和无碳能源，促进能源供应的多样化。

（四）加快对城市低碳政策的制定完善

在低碳经济的能源效率和低碳能源结构的调整下，一系列与低碳发展模式相配合的政策需要起草。能源短缺、价格上涨和环境恶化，应得到充分重视；此外中国需要逐步降低对国际能源市场的过度依赖，通过开展能源定价改革提升发展低碳经济的动力。为了促进能源的发展，应充分发挥政策对 21 世纪能源战略实施的服务功能和保障机制作用。要加强对 21 世纪能源政策的研究和资金的投入，吸收外国能源政策的经验和成果，结合我国实际，制定和完善我国能源政策。

---

① 连玉明. 低碳城市的战略选择与模式探索［J］. 城市观察，2010（2）.

（五）促进城市低碳转型， 提高群众生态思想意识

需要大力普及生态知识，增强生态意识，树立生态道德，弘扬生态文明，进一步形成关注环境、热爱自然的良好风尚。加强低碳公益宣传，在各个社区设立低碳公益广告牌、宣传栏，普及低碳知识，介绍居民在照明、用水、用电、餐饮、取暖、出行等日常生活中如何低碳生活的知识、技巧，让居民在日常生活中就能做到低碳减碳。不仅要在生产中提倡低碳，在消费环节同样要倡导低碳消费。低碳消费要通过政府示范向社会推进，政府通过开支节俭、能源节约行为及提高办事效率等诸方面引领家庭建立现代生活与工作行为方式，使政府机构和先进群体成为低碳消费行为的带头者和榜样。发挥媒体的作用，利用广播电视、报纸杂志、广告和互联网等多种媒体，大力宣传低碳消费，使消费者不断增强生态保护意识，形成低碳消费时尚。

9

美丽乡村：建设美丽中国的出发点和落脚点

党的十八大报告中提出了建设"美丽中国"的新概念，充分表明了党对环境问题以及人与自然关系认识的深化和具体化，顺应了人民群众对美好生活的期待和向往。美丽中国不仅要改善人们的居住环境，而且要创建宜居的城市和乡村以改善国家面貌，更要以广阔的大自然为尺度实现人类的生态文明。面对这样一个宏伟的建设目标，在 2013 年中央一号文件中，首次提出了要建设"美丽乡村"的奋斗目标，为美丽中国建设找准了起点、找到了重点，为进一步实现美丽中国的目标指明了更为科学、明晰的行动指南。

一、美丽乡村是美丽中国的重要组成部分

世界上除了极少数国家没有农村，大多数国家都有一定数量的农村，中国的城镇化率虽然在 2013 年达到了 53.73%，但是农村所占的面积要远远大于城市的面积。截至 2009 年年底，中国乡村土地面积占全国总面积的 94.7%。即使中国城市化再提速，城市面积上也不可能超过农村面积，这就要求我们在建设美丽中国的过程中，始终要下大力气关注乡村建设、搞好乡村建设，只有面积广阔的乡村保持山清水秀的自然风貌，才会有美丽中国的真正实现。

根据国家统计局的数据显示，2011 年年底，中国有 284 个地级市和 2853 个县级行政区划。这些城市虽然各有特色，有的还有丰富的文化底蕴和厚重的历史积淀，但是都不能掩盖城市"水泥森林"的真实外貌。城市虽然是现代文明的象征，有其美丽的一面，但是在一幢幢拔地而起的

摩天大楼之间，在大量汽车尾气和各种噪声的环绕之中，在夜晚霓虹闪烁的大街小巷之上，无数奔波、忙碌的人还是想走出去，看一看原生态的自然风光，到充满负离子的森林氧吧中呼吸一下新鲜空气，迈步于群山环绕、绿水相间的生态走廊。这些在城市中往往难以寻觅，而在乡村中还不时可见，但是如果不加以保护、不综合开发、不科学建设，那么这些天蓝、地绿、水净的美好家园也将消失。乡村不仅是农村人的家园，也是城市人洗涤污垢、陶冶情操的精神家园，那里宁静的田野、高耸的群山、湛蓝的湖水、淳朴的田园生活都是现代人抚平喧嚣与嘈杂、追寻悠闲与致远的归宿。乡村在现代工业文明的侵袭中正在失去这些曾经令人向往的品质，成为垃圾的填埋场、污水的容纳池、有害气体的肆虐地，如果让污染环境的"三废"蔓延乡村的每个角落，让"垃圾包围乡村"，那么人类将会陷入万劫不复之地。建设美丽乡村就是建设我们生存发展的家园，是建设美丽中国的最大舞台，是需要我们用最大的努力和更加积极的态度来自觉地保护和建设的空间。

二、中国农民是中国人口的重要组成部分

据 2010 年第六次全国人口普查的数据可知，居住在乡村的人口有 6 亿 7 千多万人。到 2011 年，城镇人口超过了农村人口，所占比重达到了 51.27%。但是应该看到的是：这一比例包含了许多集镇的人口，而其中包括大量的农村人口。当然，也有农民工进城务工的"隐性城市化"趋向。但是，乡村人口的数量众多是不容置疑的，如果美丽中国的指标中不包括这一重大群体的生活质量和环境，那么美丽中国的提出就没有现实意义。

对于生活于乡村的农民来说，很多人现在还像祖辈那样重复着日出而作日落而息的农耕生活，为了种好庄稼而起早贪黑、不辞劳作，他们用辛勤的汗水和丰收的喜悦编织着自己的生活。农民的生活的确有了改善，但是也应该看到：还有很多农民一年到头忙忙碌碌，却没有挣到什么钱，生活时常捉襟见肘。因此，一部分农民为了改变自己的生活，到大城市开辟自己的新天地，却遭到各种不公平的对待。如果不能解决农民的收入、生活和居住环境问题，一半的中国人将无法享受国家发展的成果，那么建设美丽中国的宏伟目标最终也将难以实现。中国的社会主义新农村建设正是

从生产、生活、乡风、村容、管理等五个方面入手，对农村的经济、政治、文化和社会等各方面进行全面建设，以实现农村的经济繁荣、设施完善、环境优美、文明和谐的目标。村容整洁是展现农村新貌的窗口，是实现人与环境和谐发展的必然要求。美丽乡村就应该从根本上改变乡村脏、乱、差的面貌，使农民的居住环境得到明显改善，使农民能够过上安居乐业的生活，这是最直观的体现。

乡村建设好，乡村的农民生活好，农民才会有生产的积极性，才能推进我国的农业稳步发展，为其他各行各业的发展奠定稳定的基础。如果乡村乱了，农民跑了，那么农业的基础地位就会动摇，整个国民经济将会陷入崩溃的境地。把乡村建设得与城市一样美丽，使农民能够喝上放心水，有便利的交通和购物条件，子女能够进校读书，有丰富的文化娱乐环境，有良好的治安环境，这些都是乡村建设的重点，它们是直接关系到民生的重大问题。美丽乡村建设是从中国大多数群众的利益出发，是真正让农民群众当家作主，是努力缩小城乡差距、推动城乡一体化发展的必由之路。建设美丽中国是惠及每一个中国人的伟大事业，没有城市与乡村的共同繁荣，没有工业与农业的协调发展，没有城乡居民的安居乐业，美丽中国就会成为空谈。

三、建设美丽乡村是建设美丽中国的重中之重

乡村是中华民族历史传统和文化传承的载体，也是连接城市和文明的根基。乡村不仅物产丰富，而且人杰地灵。不论是新农村建设，还是新型城镇化建设，都应把塑造美丽乡村摆在优先发展的位置。乡村是资源蕴藏最丰富的地区，不仅有绝大部分的矿产资源、动植物资源、水能资源、油气资源等，还有丰富的人力资源和旅游资源等，这些资源的开发和利用不仅是我们生存与发展的物质基础，同样也是建设美丽中国的重要物质基础和人才基础。形态各异的地形、地貌、山川、河流、湖泊、草原、动植物等资源是大自然为人类提供的天然景观，它们具有自然属性的美，成为人们审美的对象。不当的开发、利用将导致自然资源的浪费乃至枯竭，不但会破坏自然环境，而且会制约经济和社会的发展，因此，需要从自然的承载力、天赋性和审美性出发，建立节约、高效、协调、持续的自然开发利用战略，为建设美丽中国、推动社会健康发展提供基本保障。

美丽中国归根结底需要由普通的中国人来建设，没有美丽的中国人就根本不会有美丽中国的生命力，而乡村恰恰为美丽中国提供了最为重要的人力资源，那些干着最苦、最累、最脏工作的乡村农民和农民工则正是勤劳、质朴、善良的美丽中国人的代表，他们如自然一样展示了自己的本色。乡村丰富的旅游资源把自然山水与历史文化资源结合起来，不仅凸显了山水的亮点、打造了生态旅游的名片，而且为乡村经济的发展和村民生活水平的提高带来聚集效应，为美丽乡村的形象提供了有效载体，扩大了美丽乡村的外在影响力。开展广泛的美丽乡村建设，是建设美丽中国的突破口，是建设美丽中国具体实践的开端，是建设美丽中国最具凝聚力和示范性的重要举措。

有了美丽的乡村才有美丽的中国，建设美丽乡村是建设美丽中国的出发点和落脚点，无论是经济社会的发展和生态环境的改善，还是人际关系的和谐和人与自然关系的和谐都不能忽视乡村建设的重要性。只有夯实美丽乡村建设的基础地位，加强乡村的基础设施建设，加大环境治理力度，不断提高农民的经济收入、提升农民的幸福感等，才能早日实现美丽中国的愿景。

10

大林业观：二十一世纪推进生态文明建设的理论法宝[*]

　　党的十八大将生态文明建设写入党章，明确提出全面落实经济建设、政治建设、文化建设、社会建设、生态文明建设五位一体的发展布局，树立21 世纪的大林业观是我国生态文明和建设美丽中国的着力点，是我国解决一系列难题、走向可持续的健康和谐发展之路的重要举措。

一、生态危机呼唤林业发展

　　中国的经济发展进入一个新的千年，面临巨大的发展压力。从国内来看，我国的人口增长迅速、粮食危机、环境恶化、资源枯竭一直困扰着经济发展和国家安全，成为我国全面建设小康社会的障碍；从国际来看，由于全球性的金融危机，造成了经济发展的落后，一些传统的以破坏环境为代价的产业在贸易保护的庇护下有所增长，2012 年《京都议定书》到期后，由于哥本哈根会议没有达成实质性的协议，后京都时代我国在国际碳汇市场的发展前景不容乐观，以及作为目前全球二氧化碳排放量最大的国家，我国将面临巨大的国际压力。处理这些问题，摆脱目前的发展困境，呼唤林业新的大发展。

　　森林是陆地生态系统的主体，森林在生长过程中，通过其光合作用，

---

　　[*] 本文第一部分和第二部分的主要观点原载中国绿色时报［N］. 2013 - 01 - 31（1）. 原名为：生态文明视域下的大林业观建设。本文第三部分的主要观点原载林业经济［J］. 2010（7）. 原名为：大林业观与生态文化建设研究。

可将排放到大气中的二氧化碳吸收后以生物量的形式固定下来，这就是森林的碳汇功能，在减缓气候变暖中发挥着重要作用。减缓气候变暖和发展低碳经济，要从林业入手，森林在发展低碳经济、减缓全球气候变暖中具有重要作用，增强森林的碳汇功能、减少和控制森林成为温室气体的排放源，是解决气候问题的重要举措。

（一）森林能够减缓气候变化

联合国政府间气候专业委员会（Intergovernmental Panel on Climate Change，以下简称 IPCC）的历次评估报告都充分肯定了森林对减缓气候变化的作用。IPCC 第四次评估报告再次指出：林业在保持或扩大森林面积，保持或增加林地或景观层面的碳密度，提高林产品异地碳储量，促进工业产品的燃料替代等方面，具有巨大的减排增汇潜力。据热带木材组织专家估计：全球通过减少森林退化，每年可以减少 37.6 亿吨二氧化碳当量的排放，到 2030 年可达到 1000 亿吨二氧化碳当量；通过再造林，到 2030 年每年可吸收固定 187 亿吨二氧化碳当量。通过可持续森林管理，到 2030 年，每年可以增加碳汇 66 亿吨二氧化碳当量。对此，IPCC 评估认为：减少毁林、防止森林退化、减少火灾和采伐迹地焚烧等措施可以在短期内取得较大的减排效果。因此，林业是当前和未来 30 年内或更长时期内，在经济、技术上都具有很大可行性的减缓气候变化的重要措施，而且其总体减缓气候变化的成本相当于每吨二氧化碳当量低于 100 美元。[①]

（二）林业在扩充环境容量中能够发挥巨大作用

我们有 960 万平方公里的家园，减去严重水土流失的国土面积 367 万平方公里（占国土面积 38.2%），再减去彻底荒漠化国土（总面积 174 万平方公里，沙化面积每年以 3436 平方公里的速度扩展）和不能维持人类生存的国土（冰川、石山、高寒荒漠等）共约 300 多万平方公里（约占 33%），剩下不足 300 万平方公里（占 28.8%），并且主要分布于东部和南部沿海 1500 公里的狭长地带。这就是现在我们赖以生存的家园。与 20

---

① 环境容量［DB/OL］.2012 - 01 - 06［2012 - 01 - 07］. http：//baike. baidu. com/view/30808. htm？fr = ala0.

世纪 50 年代相比，我国人口增加了一倍半，水土流失和荒漠化土地也各增加了约一倍半，也就是在半个世纪的时间内，我国的人均生存空间已被压缩到原来的 1/5。预计 2030 年我国人口将增加至 16 亿，人均生存空间将进一步压缩至新中国成立初期的 1/6 以下。加之，大规模的人为活动（砍伐森林、破坏植被、修坝引水、城市扩张、工业污染、耕地开发等）使得地表水热、应力等平衡发生改变，导致地质灾害、气象灾害和生态灾害高发。总之，我们生存空间的压缩，不仅仅表现在数量上的减少，更表现为质量上的恶化。

面对如此严峻的环境容量问题，只有依靠森林才能解决。森林是扩充环境容量的最重要的突破口。首先，森林是天然的制氧器，林木吸收二氧化碳放出氧气完成固碳，1 公顷阔叶林一天可以吸收 1 吨二氧化碳，放出730 千克氧气。其次，森林是天然的吸尘器，能减少空气中的粉尘，林木通过减低风速，使空气中携带的颗粒较大的粉尘迅速下降；有一些特殊的树种还可以吸收大气中的有害气体，例如，我们经常见到的松林每天可以从 1 立方米的空气中吸收 20 毫克二氧化硫，而 1 公顷柳杉林每年都可以吸收 720 千克二氧化硫。再次，森林还是天然的消毒柜，许多树木在生长过程中能分泌出菌素，杀死由粉尘带来的各种病原菌，给人们带来健康的环境。最后，森林是天然的警报器，许多树木对空气中的有害气体的反应比人和动物敏感得多，它们只要稍微受到污染物侵害，就能在叶子或花上表现出病态。因此，林业具有清洁空气、降低噪声、保护和美化环境的综合效应，也是增加环境容量的最有效的方式。

（三）林业是碳储存的主力军

林木每形成 1 吨干物质，需吸收 1.63 吨二氧化碳，释放 1.2 吨氧气。可见，森林的生长过程，亦即森林与大气的二氧化碳和氧气的物质交换过程，它大量固定（减少）大气中的二氧化碳，向大气释放（增加）大量的氧气，这对维持地球大气中二氧化碳和氧气的动态平衡、减少温室效应、提供人类生存基础物质，起到巨大而不可替代的作用。[①]

---

① 姜东涛．森林制氧固碳功能与效益计算的探讨 ［J］．华东森林经理，2005（2）．

（四）林业在低碳经济发展中具有巨大潜力

全球植物年固定二氧化碳 2852 亿吨，占大气中二氧化碳量的 11%，其中森林年固定二氧化碳 1196 亿吨，占植物年固定二氧化碳的 42%。目前，全球森林面积每年约减少 20 万平方公里，相当于森林从大气中吸收和固定二氧化碳每年减少 48 亿吨。所以，《联合国气候变化框架公约》和《京都议定书》要求促进可持续的森林经营、造林和森林更新来缓解全球的温室效应。[①] 其实，森林碳汇的技术比较简单，可持续的森林经营、造林和森林更新只需要简单的业务培训和技术推广，就能够投入到实际生产中，同时，碳汇的经营和管理技术应用只要有森林碳汇政策和市场机制的良好支撑，就能够迅速展开。此外，森林碳汇的居民福利高。与其他减排措施降低居民福利相比，森林碳汇不但不会减少居民福利，反而会增加居民福利。森林在固碳的同时，不断地发挥森林的生态、经济和社会效益，而这些效益与森林碳汇是协同效应，是森林碳汇额外增加的社会福祉和居民福利。[②]

二、大林业创新建设体系之内容

党的十八大报告中将生态文明建设独立成章，并提出了绿色发展、循环发展、低碳发展的三大发展格局，指明了建设美丽中国的方向。在这个总体布局下如何发展林业工作，则需要我们构建大林业创新建设体系，这个体系包括思想观念的创新、发展模式的创新和政策环境的创新。

（一）思想观念的创新

快速发展的中国已经进入了新的增长周期，对于我国林业建设来说，更是迎来了转型升级的新阶段。在这个战略转型期，能否完成林业发展的转型，首先需要的则是在观念上进行革命性的创新。对于林业发展来说，

① 王清，李青，李静，董秀春，攀金会. 森林碳汇市场发展现状及前景展望［J］. 山东林业科技，2006（6）.

② 黄东. 森林碳汇：后京都时代减排的重要途径［J］. 林业经济，2008（10）.

保护生态、改善民生是最基本、最重要、最核心的任务和职责。新时期大林业观建设的核心就是在科学认识两者关系的基础上和谐处理生态保护和民生提高之间的关系，需要将两者放在同等重要的位置上，共同构建互相推动、双赢共生的格局。林业发展的主旨就是民生的提高，生态建设则是林业建设的核心。十八大提出了美丽中国的概念，实现美丽中国的重要内容就是为祖国大地披上美丽的绿装。大林业观主导下的林业建设应当为科学发展提供生态保障，为人民群众提供良好的生产生活环境。大林业观的群众基础在于牢固树立服务民生抓生态、改善生态惠民生的思想，既要把改善民生作为林业工作的出发点和落脚点，让人民群众充分享受林业建设成果，也要让绿色发展的理念深入人心，激发广大群众投身林业生态建设的热情。

（二）　发展模式的创新

创新是时代发展的主题，也是林业建设的法宝，更是我国实现生态文明的技术支撑。大林业观的建设既是一项科技含量很高的生命工程，也是一项管理十分复杂的社会工程，发展生态林业和民生林业特别需要创新的驱动。林业是一项社会工程，创新是必然要求。创新的周期长和风险高需要林业建设围绕国家创新大局。只有在围绕中心、服务大局中创新发展平台和载体，林业才能拓展发展领域，创造发展优势。气候变化、建设生态文明、实现绿色增长、解决"三农"问题、开展扶贫攻坚给我国的生态建设提出了更高的要求。只有加强政策对接，搞好项目储备，才能推进林业借助这些平台和载体实现更大发展，才能围绕转变发展方式创新林业科技。我国要从林业大国迈向林业强国，达到林业发达国家的水平，必须把科技摆在更加突出的位置。林业技术创新活动的顺利运行必须紧紧依靠人才优势，创造人才优势。同时，发挥教育在林业技术创新模式正常运行中的保障作用，把着眼点放在提高劳动者素质上，坚持实际、实用、实效的原则，实现各类林业工人技术培训、技术考核、技术晋级一体化，切实提高技术水平。要培养造就一批既懂专业技术知识又会管理的高层次科技型管理人才，充实企业的科技开发力量，加强职工的培训教育。对在职职工和下岗职工进行技术培训，以提高劳动力的整体素质，保证科技成果产业化的顺利进行。加强林业科技创新，提高林业科技水平，完善标准、技术和规程，充分发挥科技在转变林业发展方式、提高林业生产力中的支撑、引领作用。

（三） 政策环境的创新

林业是一项复杂系统的社会工程，创新是必然要求。从横向来看，林业建设与许多部门、行业都有着密切的联系，特别是全国动员、全民动手、全社会办林业的方针，更是要求林业工作社会化。从纵向来看，林业涉及中央与地方、集体与个人，界定他们之间的事权、利益和义务也相当复杂。从管理对象来看，林业管理的森林资源、生态资产以及相关产品，具有生态、经济、文化等多种属性和效益，如何充分发挥各种效益，实现整体效益最大化，对科学管理提出了非常高的要求。从服务对象来看，林业提供的生态服务和民生服务，是每一个人都需要的。这些都涉及发展模式、体制机制、管理方式、政策措施等诸多问题。林业的社会系统工程发展需要政策上的支撑，只有通过管理上的不断创新，才能处理好林业发展所需要协调的各种关系，为林业发展施加外力、注入动力、带来活力。林业工程的社会性要围绕调动社会力量创新体制、机制，消除制约林业发展的制度障碍，极大地解放和发展林业生产力。

三、实现我国林业大发展的途径

林业大发展，是 21 世纪大林业时代的一个显著特征。实现林业大发展，用以往的思维方式、工作思路是不够的，也是不可能的。必须对林业进行重新审视，树立大林业观理念，即对林业在国民经济中的重要地位给予肯定，对林业和农业、牧业、渔业等门类的关系给予重新界定，彻底摆脱过去把林业只作为农林牧副渔的一个门类的狭隘认识，这是保障林业大发展的关键，也是我国构建和谐社会、走向民族复兴的强大动力和坚实保障。具体来说，应通过以下途径实现我国林业大发展。

（一） 提升林业在经济社会发展中的地位

人类步入 21 世纪，环境问题已经成为制约各国可持续发展的重要因素，人们清楚地看到，发展农业、牧业都会对环境造成一定的破坏，如农业对土壤的过度利用、过度放牧对草场带来的破坏，唯有林业在经济发展的过程中不会对环境带来任何破坏，反而能够保护和修护环境，所以，应该把林业放在国民经济与社会发展的突出位置，跳出林业被农业和牧业包围和遮盖的局面。

（二）确立林业是其他产业门类的基础和前提

顺应时代发展的要求，必须突出林业的重要地位。林业是国民经济的基础产业，又是重要的社会公益事业。林业具有多方面的功能，如缓解地球温室效应、防治荒漠化、涵养水源、保持水土、防风固沙、调节气候、保护物种基因、减少噪音、减轻光辐射、维护生物多样性、净化水质等，这些都为农业、牧业、渔业的可持续发展奠定了基础。

（三）突出林业是保护国家经济安全的软力量

全球气候变暖问题是当今世界的热点问题，由全球气候变暖引起的经济、政治、文化的冲突和碰撞日趋激烈，哥本哈根会议就是一个生动的写照。未来中国经济的发展走向很大程度上与低碳经济联系在一起。作为碳汇的主力军，林业是国家经济安全看不见的守护神。发展林业，一方面，能够降低我国二氧化碳的排放量，不至于使我国继续处在二氧化碳排放量世界第一的尴尬局面，为我国的经济发展，尤其是城镇化留出空间；另一方面，减排压力大的发达国家在"巴厘岛路线图"后谈判中会更强调"抵消排放"和"换取排放"方案，然而，其比较好的选择方案就是经济实惠的森林碳汇方案，包括国内森林碳汇和国际购买森林碳汇。可以说，发展林业为我国在今后同发达国家的合作增加了筹码。

（四）贯彻 "林农是林地的主人" 的理念

"林农是林地的主人"的理念，就是使农民成为集体山林真正的主人，确权到户。充分激发林农在造林、护林、发展林地经济方面的积极性，由"要我造"变为"我要造"；减少村集体管护山林的费用和造林开支，通过适当收取林地使用费和参与现有林地的收益分成，保证村集体有持续稳定的收入来源；有效调动基层组织保护和发展森林资源的积极性；推动农村民主管理，使村民们更加关心并主动参与集体事务管理，带动乡风文明，解决山林纠纷等历史遗留问题；促进农村社会保障，一家一户一片林，使林农有了致富奔小康的生产资料，从而确保农村社会的和谐发展。

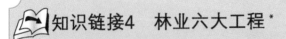

知识链接4　林业六大工程*

　　"六大工程规划范围覆盖了全国97%以上的县，规划造林任务超过73万平方公里。一是天然林资源保护工程，主要解决天然林的休养生息和恢复发展问题。工程实施范围包括长江上游、黄河上中游地区和东北、内蒙古等重点国有林区的17个省、自治区、直辖市的734个县和167个森工局。二是退耕还林工程，主要解决重点地区的水土流失问题。工程覆盖了中西部所有省、自治区、直辖市及部分东部省、自治区。三是京津风沙源治理工程，主要解决首都周围地区的风沙危害问题。工程建设范围包括北京、天津、河北、山西、内蒙古五个省、自治区、直辖市的75个县，总面积为46万平方公里。四是"三北"和长江中下游地区等重点防护林建设工程。具体包括"三北"防护林第四期工程，长江、沿海、珠江防护林二期工程和太行山、平原绿化二期工程。主要解决"三北"地区防沙、治沙问题和其他地区各不相同的生态问题。五是野生动植物保护及自然保护区建设工程。主要解决物种保护、自然保护、湿地保护等问题。工程实施范围包括具有典型性的自然生态系统、珍稀濒危野生动植物的天然分布区、生态脆弱地区和湿地地区等。六是重点地区速生丰产用材林基地建设工程。主要解决木材供应问题，减轻木材需求对森林资源的压力。工程布局于我国400毫米等雨量线以东的18个省、自治区的886个县、114个林业局、场，计划在2001～2015年，分三期建立速生丰产用材林基地近13.33万平方公里。工程建成后，提供的木材约占我国当时商品木材消费量的40%。

---

* 中国林业六大工程［N］. 人民日报，2002－08－12（11）.

第五章

新价值：实现美丽中国梦

生态文明：人类文明未来演进的方向

生态文明：实现可持续发展的必然

生态文明：构建和谐社会的现实选择

生态文明：迈向幸福生活的崭新一页

生态文明：卓越时代价值的完美展现

1

生态文明：人类文明未来演进的方向[*]

人类社会正处在由工业文明迈向生态文明的转型期，中国的快速发展面临资源、能源和环境的巨大压力和挑战，转变经济增长方式需要发展理念上的一场革命。建设生态文明，不仅关乎中华文明世代延续，也是对世界文明发展的积极贡献。生态文明是党执政兴国理念的新发展，是对落实科学发展观、深化全面建设小康社会目标提出的更高要求。

一、生态文明与社会的其他文明形式关系十分密切

人类在政治、经济、文化、生态方面的所有进步作为一个整体都是人类文明的组成要素。一方面，物质文明、政治文明和精神文明离不开生态文明，没有生态安全，人类自身就会陷入最深刻的生存危机。另一方面，人类自身作为建设生态文明的主体，必须将生态文明的内容和要求内在地体现在人类的法律制度、思想意识、生活方式和生产方式中，并以此作为衡量人类文明程度的一个基本标尺。也就是说，建设社会主义的物质文明，内在地要求社会经济与自然生态的平衡发展和可持续发展；建设社会主义的政治文明，内在地包含着保护生态、实现人与自然和谐相处的制度安排和政策法规；建设社会主义的精神文明，内在地包含着保护生态环境的思想观念和精神追求。

---

[*] 本文原载中共珠海市委党校珠海市行政学院学报［J］，2008（4）．原名为：生态文明：人类未来文明演进的方向。

二、生态文明建设与科学发展观本质上是一致的

二者都是以尊重和维护生态环境为出发点，强调人与自然、人与人、经济与社会的协调发展；以可持续发展为依托；以生产发展、生活富裕、生态良好为基本原则；以人的全面发展为最终目标。可见，生态文明建设是落实科学发展观的重要举措。人类既不能简单地去"主宰"或"统治"自然，也不能在自然面前无所作为。换言之，建设生态文明必须以科学发展观的"以人为本"为指导，从思想认识上实现根本转变。必须摒弃传统的"向自然宣战"、"征服自然"等口号，树立"人与自然和谐相处"的理念；必须克服资源短缺的瓶颈，解决环境污染和生态破坏造成的矛盾和问题，增强可持续发展能力，实现经济社会又好、又快发展；必须辩证地认识物质财富的增长与人的全面发展的关系，转变重物轻人的发展观念，辩证地认识经济增长和经济发展的关系，转变把增长简单地等同于发展的观念，辩证地认识人与自然的关系，转变单纯利用和征服自然的观念。

山水武宁

三、生态文明代表了人类未来演进的方向

传统工业文明已经走到了自身发展的尽头，人类未来的可持续发展呼唤生态文明的到来。因为生态文明以人与自然和谐为本，以经济、社会、

人口和自然协调发展为准绳，以资源的循环和再生利用为手段，不仅克服了工业文明的弊端，而且是未来人类永续发展的必然选择。

党的十八大把生态文明建设作为全面建成小康社会"五位一体"战略布局的重要部分，为我们推进生态文明建设提供了广阔的实践舞台。大批可持续发展实验区、循环经济试点、生态城市试点、低碳城市试点应运而生，成为开启生态文明建设时代一道道靓丽的风景。如珠海市是广东省最早选择"人与自然和谐相处"发展方针的城市之一，人均绿色 GDP 位居广东省前列。改革开放三十余年来，珠海市坚持以科学发展观统领全局，力争发展经济与保护环境"双赢"，保留了良好的生态环境基础。面临难得的发展机遇，珠海市确立了"建设生态文明新特区，争当科学发展示范市"战略的新目标，抓住了珠海市已有的特色和潜力。为推进生态文明建设，珠海市率先实施了生态立市战略，提升全市生态文明意识，合力推进政府主导、制度建设、社会参与这三个实施重点。做到政策到位，考核跟上，加大投入，科技支撑，充分发挥专家智囊的作用。明确阶段发展目标，大力发展高端服务业、高端制造业、高新技术产业，进一步打造绿色竞争力。通过制定法规、政策使生态文明成为珠海市持续一贯的发展方式和发展理念，真正实现生产发展、生活富裕、生态良好、具有生态魅力的目标。

📖知识链接5　全国生态文明建设城市试点已有71个*

2008年，环境保护部制定并发布了《关于推进生态文明建设的指导意见》，明确生态文明建设的指导思想、基本原则，要求建设符合生态文明要求的产业体系、环境安全、文化道德和体制、机制。随后几年，环境保护部批准了五批共71个全国生态文明建设试点城市。其中包括：一是已创成生态市、县的地区，直接转为生态文明建设试点，鼓励他们向更高的目标迈进；二是在一些重点流域如太湖、辽河干流，开展流域性

---

* 环保部谈环境保护与生态文明建设［DB/OL］．人民网，2013－03－15［2013－03－16］．http://tv.people.com.cn/GB/61600/357254/357722/357828/index.html.

生态文明建设试点工作，探索与流域治理目标相适应的"两型"社会建设模式；三是在一些跨行政辖区的区域，开展生态文明建设试点工作，鼓励他们结合自身实际，探索建设生态文明的目标模式和跨行政区域的联动机制。通过生态省、市、县建设和生态文明建设试点的开展，涌现了一批可持续发展的典型，创造了一批不同自然条件、不同经济发展水平下实现经济、社会、环境协调发展的典范；探索了推进生态文明建设的模式，各地在构建有利于节约资源和保护环境的产业结构、生产方式和消费模式等方面，总结出许多行之有效的做法；创新了生态文明建设的推进机制，逐步建立并完善了"党委政府直接领导、人大政协大力推动、相关部门齐抓共管、社会公众广泛参与"的工作机制，并发挥了重要作用。

目前，全国范围内初步形成梯次推进的生态文明建设格局。东部沿海地区生态文明建设已全面展开，自北向南，山东、江苏、浙江、福建、广东已连成一片；中西部生态文明建设也开始有益的探索，广西、云南、湖北出台了文件，贵阳发布了促进生态文明建设的条例，把生态文明建设法治化；四川、陕西的生态县建设取得良好开局，并在省内发挥了示范作用。

我们应当清醒地认识到生态问题正在演变为当今世界人类社会发展的中心问题，资源匮乏、环境恶化、生态系统退化将是建设生态文明的巨大障碍。要实现观念的转变、发展方式的转变，最大限度地节约能源、资源，就必须从现在做起，从我做起。政府要做生态文明建设的倡导者、企业要做生态文明建设的排头兵、老百姓要做建设和守护人类美丽家园的创造者。

2

生态文明：实现可持续发展的必然

　　20 世纪下半叶以来，随着科技进步和社会生产力的极大提高，人类创造了前所未有的物质财富，加速推进了文明发展的进程。与此同时，人口剧增、资源过度消耗、环境污染、生态破坏和南北差距扩大等问题日益突出，成为全球性的重大问题，严重地阻碍着经济的发展和人民生活质量的提高，继而威胁着全人类未来的生存和发展。在这种严峻形势下，人类不得不重新审视自己的社会经济行为和走过的历程，认识到通过高消耗追求经济数量增长和"先污染后治理"的传统发展模式已不再适应当今和未来发展的要求，而必须努力寻求一条经济、社会、环境和资源相互协调的可持续发展道路。

一、可持续发展战略的提出

（一）可持续发展的由来

　　可持续发展作为一种理论和战略，是国际社会对工业文明和现代化道路深刻反思的产物。当今世界，人们在追求经济增长的同时，从人类的生存环境、生活质量和长远利益出发，将社会、人口、环境、资源提上重要议事日程，不仅确认人类自身的发展权利，而且强调人和自然的协调发展。基于这种认识，1972 年 6 月 5 日，联合国人类环境会议在瑞典首都斯德哥尔摩召开，第一次讨论全球环境问题及人类对于环境的权利与义务。大会通过了《人类环境宣言》，该宣言郑重申明：人类有权享有良好的环境，也有责任为子孙后代保护和改善环境；各国有责任确保不损害其他国家的环境；环境政策应当增进发展中国家的发展潜力。会议确定每年 6 月

5 日为"世界环境日"，要求世界各国每年的这一天开展活动提醒人们注意保护环境。这次会议具有里程碑的意义，它第一次把发展与环境的关系问题摆在了世人面前，它是各国政府共同讨论环境问题的第一次首脑会议，随后成立了联合国环境规划署（United Nations Environment Programme, UNEP），作为协调全球环境问题的专门机构。

1987 年，由当时的挪威首相布伦特兰夫人主持的世界环境与发展委员会发表了题为《我们共同的未来》的报告，正式提出了可持续发展的概念，即可持续发展是既满足当代人的需求，又不对后代人满足其需求的能力构成危害的发展。这一定义得到广泛认同，标志着可持续发展理论的产生。

1992 年 6 月，联合国环境与发展大会在巴西里约热内卢召开，有 183 个国家和地区的代表参加，其中有 102 个国家元首或政府首脑出席。会议否定了工业革命以来高投入、高生产、高污染、高消费的传统发展模式，通过了《里约热内卢环境与发展宣言》、《21 世纪议程》、《联合国气候变化框架公约》等重要文件。可持续发展作为一种新发展观和价值理念被国际社会确立下来。

知识链接6　《21世纪议程》与《中国21世纪议程》*

　　国际社会在1992年里约热内卢地球问题首脑会议上通过了《21世纪议程》，这是一个前所未有的全球可持续发展计划。《21世纪议程》载有二千五百余项各种各样的行动建议，包括如何减少浪费和消费型态、扶贫、保护大气、海洋和生物多样化以及促进可持续农业的详细提议。《21世纪议程》中，各国政府提出了详细的行动蓝图，从而改变世界目前非持续的经济增长模式，转向从事保护和更新经济增长和发展所依赖的环境资源的活动。行动领域包括保护大气层，阻止砍伐森林、水土

---

　　* 21 世纪议程［DB/OL］. 百度百科，2012 − 01 − 15［2012 − 11 − 30］. http://baike.baidu.com/view/1326623.htm?fromId = 326684.

流失和沙漠化，防止空气污染和水污染，预防渔业资源的枯竭，改进有毒废弃物的安全管理。为了全面支持在世界范围内落实《21世纪议程》，联合国大会在1992年成立了可持续发展委员会，作为联合国经济及社会理事会的一个重要委员会，由53个成员监督并报告《21世纪议程》的执行情况以及全球其他首脑会议所达成协议的执行情况，支持和鼓励政府、商界、工业界和其他非政府组织可持续发展所带来的社会和经济变化，帮助协调联合国环境和发展活动。

1992年6月3日，巴西里约热内卢召开的联合国环境与发展大会上，时任我国总理的李鹏同志代表中国政府作出了履行《21世纪议程》等文件的庄严承诺。随后，中国制定了《中国21世纪议程》，确立了中国可持续发展的四个主要战略目标：在保持经济快速增长的同时，依靠科技进步和提高劳动者素质，不断改善发展的质量；促进社会的全面发展与进步，建立可持续发展的社会基础；控制环境污染，改善生态环境，保护可持续利用的资源基础；逐步建立国家可持续发展的政策体系、法律体系及可持续发展的综合决策机制和协调管理机制。

2002年9月，联合国可持续发展世界首脑会议在南非约翰内斯堡召开，有192个国家和地区包括104位国家元首或政府首脑在内的代表两万余人出席了会议，四千多家媒体向全世界报道了大会盛况。会议通过了《可持续发展世界首脑会议执行计划》和《约翰内斯堡可持续发展承诺》两个重要文件，并达成了一系列关于可持续发展行动的《伙伴关系项目倡议书》。这些文件明确了全球未来10~20年人类拯救地球、保护环境、消除贫困、促进繁荣的世界可持续发展的行动蓝图，对未来的环境和发展产生巨大而深远的影响。

从1972年人类环境会议到2002年地球首脑峰会，这30年的时间，是人类对可持续发展认识不断深化的过程，是全球面对共同挑战，实现协同发展的过程。可以说每一次联合国环境与发展会议，都有力地推动了国际社会对可持续发展的认识与合作。可持续发展已经从思想、观念变成了战略和行动。

（二）可持续发展的内涵

可持续发展（sustainable development）最早由联合国大会在 1980 年 3 月首次使用，1987 年由布伦特兰主持的《我们共同的未来》报告中提出的概念得到了国际社会的普遍认可：可持续发展是"既满足当代人的需求，又不对后代人满足其需求的能力构成危害的发展"。这一概念具有以下基本内涵：

（1）可持续发展的核心是发展，消除贫困是实现可持续发展的必不可少的的条件；

（2）可持续发展以自然资源为基础，同资源承载能力相适应，不以环境污染、生态退化为代价来换得经济增长；

（3）可持续发展并不否定经济增长，但批判那种把增长等同于发展的传统模式，可持续发展强调提高生活质量，并与社会进步相适应。可持续发展是经济增长、社会进步和生态良好的统一；

（4）可持续发展的实施要以适宜的政策和法律体系为条件，强调综合决策与公众参与。在经济发展、人口、环境、资源、社会保障等各项立法和重大决策中，都必须贯彻和体现可持续发展的思想。

（三）可持续发展的基本原则

可持续发展作为一个具有丰富内涵的理论，包含以下四大基本原则：

（1）公平性原则，公平性是可持续发展的核心，主要强调代际之间、代内之间以及人与动物之间的公平；

（2）共同性原则，我们人类面临着共同的挑战、共同的选择、共同的行动、共同的道路；

（3）协调性原则，包括人与自然的协调，经济、社会与自然系统的协调等；

（4）持续性原则，涉及人口增长、自然资源承载能力和环境容量的持续等。

十余年来，可持续发展理论的建立与完善一直沿着三个方向不断揭示其内涵和实质，即经济学方向、社会学方向和生态学方向。可持续发展的研究，力图把当代与后代、区域与全球、空间与时间、结构与功能等统一起来。

二、生态文明是实践可持续发展的基础

生态文明，是以人与自然、人与人、人与社会和谐共生、良性循环、全面发展、持续繁荣为基本宗旨的状态。生态文明的本质特征是人与自然和谐相处的文明形态。人与自然和谐相处，既是生态文明的核心价值理念和根本目标，也是建设生态文明的评价标准和行动指南。人与自然和谐的前提是要承认自然本身具有的价值，自然界的丰富多彩并不是人类赋予的，而是内在的禀赋。不论是风景如画的九寨沟，还是美丽生动的西湖，它绝不仅仅是一个自然物，它能带给人一种美的享受，带给人一种精神上的愉悦，带给人一种理性的思考，带给人一种精神境界的提升。建设生态文明，就是要把人与自然这样一种灵性互动作为人类与自然相互作用的基础，也就是把自然看做是与人类平等的生存对象，把社会的道德伦理延伸到自然界。①

就发展的本质而言，可持续发展不仅用生态系统的"整体、协调、循环、再生"的法则来调节人与人、人与社会之间的关系，而且还用生态文明来调节。人与自然之间的道德关系，调节认定的行为规范，维护人类生态系统的平衡。从发展单一的经济目标到发展为社会、经济、生态全面协调发展。

就发展的目标而言，可持续发展的最终目标是要调节好生命系统，支持环境之间的生态关系，使有限的自然资源和生态环境在现在和未来支撑起生命系统的健康运行。而生态文明则不仅是要自然环境健康发展，还要追求人类社会的健康运行。因此，生态文明所倡导的人类的一切活动既要遵循经济规律，符合生态规律和社会规律，经济效益和环境效益、社会效益全面协调，又要符合可持续发展的现实要求。

可持续发展只有在生态文明的条件下才能实现，同时可持续发展战略的实施推动和促进生态文明建设，只有在可持续发展中谈论生态文明，在

① 赵建军. 建设生态文明的重要性与紧迫性［J］. 理论视野，2007（7）.

可持续发展中建设生态文明，才是具体的、有意义的。①

20 世纪 80 年代的库布齐沙漠

20 年后的库布齐沙漠已是绿野茫茫

① 李垚栋，张爱国．生态文明及其与可持续发展关系的探讨［J］．绿色科技，2012（10）.

三、中国推进可持续发展战略的举措

（一）率先颁布《中国 21 世纪议程》

1992 年世界环境与发展问题国际会议后，中国政府履行承诺，率先推出《中国 21 世纪议程——中国 21 世纪人口、环境与发展白皮书》（以下简称《中国 21 世纪议程》），并经 1994 年 3 月 25 日国务院第 16 次常务会议讨论通过。同时制定《中国 21 世纪议程优先项目计划》，以实际行动来推进中国可持续发展战略的实施。1996 年 3 月 17 日，八届全国人大四次会议将可持续发展正式确立为国家战略。

《中国 21 世纪议程》共 20 章，74 个方案领域，从我国的具体国情和人口、环境与发展的总体联系出发，提出了促进经济、社会、资源与环境相互协调和可持续发展的总体战略、对策以及行动方案。

《中国 21 世纪议程》实施以来，我国积极有效地实施了可持续发展战略，在经济社会全面发展和人民生活水平不断提高的同时，人口过快增长的势头得到了控制，自然资源保护与管理得到加强，生态保护与生态建设步伐加快，部分城市和地区环境质量有所改善，国家可持续发展能力有所增强。各部门和地方相继制定了可持续发展指标体系，建立一批国家级"可持续发展实验区"，以及生态省建设等。

（二）坚定不移地实施可持续发展战略

1996 年 3 月，八届四次人代会议批准的《国民经济和社会发展"九五"计划和 2010 年远景目标纲要》，把可持续发展正式确立为国家战略。"十五"计划还具体提出了可持续发展各领域的阶段目标，并专门编制和组织实施了生态建设和环境保护重点专项规划，社会和经济的其他领域也都全面地体现了可持续发展战略的要求。

（三）提出科学发展观、"两型社会"和生态文明

改革开放三十多年我们的发展是神速的，取得的成就是巨大的，但资源环境问题也是空前的。为此，2002 年党的十六大提出全面建设小康社

会，并强调人与自然和谐发展；党的十六届三中全会明确提出坚持以人为本，全面、协调、可持续的科学发展观；2005年召开的中央经济、人口和资源会议上提出建设资源节约型、环境友好型社会（两型社会）；2007年党的十七大进一步提出建设生态文明的战略主张。

近年来，通过科技创新、体制转轨和资金投入等取得了很好的成效，特别是大力推行循环经济，减少了资源消耗，降低了污染物排放，提高了资源利用效率，增强了中国可持续发展能力。

 知识链接7　循环经济试点的重点行业 *

　　2005年10月，国家发展和改革委员会、国家环境保护总局等六个部门联合选择了钢铁、有色、化工等七个重点行业的42家企业，再生资源回收利用等四个重点领域的17家单位，13个不同类型的产业园区，涉及10个省份的资源型和资源匮乏型城市，开展第一批循环经济试点，目的是探索循环经济发展模式，推动建立资源循环利用机制。

　　重点行业的42家企业是：（1）钢铁行业，鞍本钢铁集团、攀枝花钢铁集团有限公司、包头钢铁集团有限公司、济南钢铁集团有限公司、莱芜钢铁集团有限公司；（2）有色金属行业，金川集团有限公司、中国铝业公司中州分公司、江西铜业集团公司、株洲冶炼集团有限责任公司、包头铝业有限责任公司、河南商电铝业集团公司、云南驰宏锌锗股份有限公司、安徽铜陵有色金属（集团）公司；（3）煤炭行业，淮南矿业集团有限责任公司、河南平顶山煤业集团有限公司、新汶矿业集团公司、抚顺矿业集团、山西焦煤集团西山煤矿总公司；（4）电力行业，天津北疆发电厂、河北西柏坡发电有限责任公司、重庆发电厂；（5）化工行业，山西焦化集团有限公司、山东鲁北企业集

---

　　* 循环经济试点〔DB/OL〕. 百度百科，2011 – 03 – 15〔2012 – 11 – 30〕. http://baike. baidu. comview/543585. htm.

团有限公司、四川宜宾天原化工股份有限公司、河北冀衡集团公司、湖南智成化工有限公司、贵州宏福实业有限公司、贵阳开阳磷化工集团公司、山东海化集团有限公司、新疆天业（集团）有限公司、宁夏金昱元化工集团有限公司、福建三明市环科化工橡胶有限公司、烟台万华合成革集团有限公司；（6）建材行业，北京水泥厂有限责任公司、内蒙古乌兰水泥厂有限公司、吉林亚泰集团股份有限公司；（7）轻工行业，河南天冠企业集团公司、贵州赤天化纸业股份有限公司、山东泉林纸业有限公司、宜宾五粮液集团有限公司、广西贵糖（集团）股份有限公司、广东江门甘蔗化工（集团）股份有限公司。

（四）坚持科学发展，转变发展方式

进入 21 世纪的第二个十年，连续保持多年经济快速增长的中国，已经成为世界举足轻重的经济体，然而在经济发展过程中，传统的增长方式即高投入、高消耗、高排放、高碳特征的模式与拼资源、拼消耗、拼廉价劳动力的粗放特征依然占主导地位。发展方式的转变迫在眉睫。应加快调整经济结构，包括空间结构、发展结构、产业结构、能源结构、投资结构、分配结构、社会结构、人才结构等。彻底消解资源环境"瓶颈"的约束问题，出口、投资、需求的拉动问题，社会民生与区域发展的公平问题，进一步提升综合国力，让百姓真正过上有尊严的生活。

（五）走绿色发展道路

科学发展观是当代中国的马克思主义发展观，明确了我国新世纪、新阶段走绿色发展道路的方向。绿色，代表生命，象征希望和活力，代表和谐，是健康发展的本质内核。

绿色发展是指国家的发展过程、运行机制和行为方式等建立在遵循自然规律基础上，不以损害和降低生态环境的承载能力、危害和牺牲人类健康幸福为代价，追求经济、社会与生态环境协调可持续发展，以实现生产、生活与生态三者互动和谐、共生共赢为目标。

绿色发展模式与科学发展观是一脉相承、相辅相成的，当今世界发展的核心是人类发展，人类发展的主题是绿色发展，实现绿色发展是贯彻落实科学发展观的必然要求。

　　绿色发展是一场价值观的革命，更是一场思维方式的革命；绿色发展既是一种新的发展观，又是一种崭新的道德观和文明观。绿色发展与中国改革开放以来长期实行的"增长优先"模式不同，绿色发展强调的是经济发展与环境保护的统一和协调，注重社会、经济、文化、资源、环境、生活等各方面协调，既满足当代人需求，又不对后代人发展构成危害；既反对人类中心主义，又反对自然中心主义。绿色发展所承载的生态文明和绿色文明注重的是如何使优先的财富带来更大的幸福，而不是如何获取最大限度的财富，更关注人的精神满足，而非社会资源的占有。

　　人类的发展虽然跃过了生存的困境，却依然面临着发展的挑战。我们既要发展经济，不敢有丝毫的怠慢，又要保护好资源和环境，不只是我们能生活的幸福安康，还要让子孙后代能够享有充分的资源和良好的自然环境。自然没有先天的恩赐，人类必须自己去创造；面对前所未有的困境，人类必须依靠自己，调整自我。

　　中国人民有能力、有智慧、也有责任，通过坚定不移地实施可持续发展战略，一定会创造一个天人合一之境，一个健康和谐的社会，一个光辉灿烂的未来。

3

生态文明：构建和谐社会的现实选择*

"和则治，不和则乱"。和谐是唯物史观的一个重要范畴，是经济发展的重要前提，是文明进步的显著标志，也是人民幸福的基本保障。科学发展、社会和谐是发展中国特色社会主义的基本要求。处于快速工业化、城市化过程中的中国，基本国情是人口众多、底子薄、资源相对不足和人均国民生产总值仍居世界后列，单纯消耗资源追求经济数量增长的传统发展模式，影响着经济社会的可持续发展。因此，构建和谐社会，需要顺应时代要求，建设生态文明。

一、和谐社会是人与自然和谐相处的社会

和谐社会是人与自然和谐相处的社会，是生产发展、生活富裕、生态良好的社会。构建和谐社会是现实性很强的时代命题，是贯穿中国特色社会主义事业全过程的长期历史任务。构建社会主义和谐社会，适应了我国改革发展进入关键时期的客观要求，体现了广大人民群众的根本利益和共同愿望，对于经济社会发展具有重要的指导意义。

构建社会主义和谐社会，必须具有坚实的物质基础。否则，难以实现社会的和谐与进步。但发展不能偏颇，只注重经济建设，"单条腿"走路会导致社会失衡。多年来，我国的经济发展都是建立在高能耗、高污染、高排放的基础之上的，经济发展带来的却是环境的恶化。为在 2020 年实

---

* 本文部分内容原载中国特色社会主义研究［J］. 2012（4）. 原名为：论生态文明理论的时代价值。

现全面建设小康社会的宏伟目标，必须将经济发展的速度和规模维持在一个比较高的发展水平上，必须把生态文明建设摆在更加重要的位置。只有在狠抓经济建设的同时，重视生态文明建设，才能实现社会的和谐发展。

二、生态恶化对构建和谐社会的威胁

人类在不断向前发展的历史进程中，对自然进行无休止的索取，加剧了生态环境的恶化，出现了能源短缺、土地沙化、水土流失、臭氧层破坏、全球气候变暖、物种灭绝等生态问题，形势十分严峻。改革开放三十多年来，我国经济飞速发展，综合国力显著增强，人民生活水平不断提高。然而，我国经济的高速增长一直以来都是依靠资源的大量消耗，高能耗企业在工业中占据主导地位。同时，急速的工业化也带来了严重的环境污染，严重威胁人们的生存和发展。

（一）环境污染严重

2013 年第二个周末，一条深褐色的巨大雾霾带斜穿 1/3 的国土，从东北到西北，从华北到黄淮、江南地区，都出现了大范围的严重污染。众多城市深陷其中，空气污染指数屡创新高，北京城区 PM2.5 值更是一度逼近 1000。这次大范围的雾霾天气严重影响了人们的生产、生活，各大医院因呼吸道疾病就诊的儿童、老人络绎不绝。

2012 年，全国"两会"上，PM2.5 首次写入政府工作报告。全社会对 PM2.5 的关注和重视，折射出当前我国环境污染的严峻性和治理的紧迫性。所谓 PM2.5，亦称"可入肺颗粒物"，是指悬浮于大气中的直径小于或等于 2.5 微米的固体颗粒和液滴。科学研究表明，PM2.5 是导致城市空气污染、造成灰霾天气的祸首，其主要来源包括煤炭、石油等矿物燃烧产生的工业废气，以及机动车排放的尾气等。这些微小的空气悬浮物可以进入人的肺泡当中，引起呼吸系统、血管、心脏等多种疾病，因而被视为环境杀手。

另外，酸雨对我国的危害也很严重。酸雨是由大气污染后所产生的酸性沉降物引起的，多年来由于二氧化硫和氮氧化物的排放量日渐增多，酸雨的问题越来越突出。中国酸雨发展正呈蔓延之势，已经是继欧洲、北美洲之后世界第三大重酸雨区，覆盖面积已占国土面积的40%以上。酸雨危害是多方面的，它不仅会腐蚀建筑物和文物古迹，而且也会造成湖泊、河流酸化，导致鱼类等水生物数量减少甚至灭绝。根据最新的研究表明，酸雨引起的环境污染对人体健康有直接和潜在的危害，酸雨可使儿童免疫功能下降，慢性咽炎、支气管哮喘发病率增加，同时可使老人眼部和呼吸道患病率增加，严重时还会损害人的大脑，引起早老性痴呆症，这对于居民幸福、和谐的生活显然是不利的。

（二）资源短缺、荒漠化严重

中国人口基数大、增长快，人口的增长对于社会基础设施建设的要求，对于生活必需品的大量消耗都加剧了对自然资源的消耗。然而，自然资源却并非取之不尽、用之不竭。当人们对资源的需求量超过资源环境本身的承载力时，必然会出现资源短缺的问题。

1. 缺水十分严重

中国的淡水资源总量为28000亿立方米，占全球水资源的6%；但人均只有2200立方米，仅为世界平均水平的1/4、美国的1/5，是全球13个人均水资源最贫乏的国家之一。在近700个大中城市中，有300多座城市缺水，100多座城市严重缺水。农业每年缺水300亿立方米，受旱面积20万平方千米，旱灾成为农业灾害中的重要灾害。此外，还有几千万农村人口饮水困难。

2. 石油产量远不能满足经济建设的消耗量

根据发达国家的经验，一个国家的石油对外依存度达到50%即是"安全警戒线"，但如今中国已突破了这一"安全警戒线"。我国矿产资源的人均占有量不到世界人均水平的一半，居世界第80位，而且后备探明储量不足，矿产资源短缺的形势将日趋严峻。

3. 土地荒漠化严重

我国是世界上土地荒漠化严重的国家之一。目前，全国的荒漠化土地有262万平方千米，占国土面积的27.3%，其中沙化土地168万平方千米。从总体看，我国土地荒漠化的速度在加快，面积在扩大。虽然我国不断治理沙化土地，但由于人为活动的强度过大，实际上是治理1万平方米退化 1.3 万平方米，沙漠化土地在增加。荒漠化土地扩大的结果是全国范围内沙尘暴发生频率明显加快。

4. 生物多样性减少

我国生态系统多样性受破坏主要表现为森林减少、草原退化、土地退化、水域缩小、自然灾害加剧等。虽然我国具有高度丰富的物种多样性，但人口的快速增长和经济的高速发展，增大了对资源及环境的需求，这种极大的压力致使许多动物和植物濒临灭绝。据近年来的初步统计，大约有 398 种脊椎动物濒危，占我国脊椎动物总数的 7.7%；有 1009 种高等植物濒危，占全国高等植物种数的 3.4%。

三、建设生态文明，构建和谐社会

生态文明是一种可以实现人与自然和谐，实现人全面发展的文明形态。从广义角度来看，生态文明是一种新型文明形态，它以人与自然协调发展为准则，要求实现经济、社会、自然环境的可持续发展。从狭义角度来看，生态文明是与物质文明、政治文明和精神文明相并列的现实文明形态之一，着重强调人类在处理与自然关系时所达到的文明程度。

党的十八大报告指出，建设生态文明，是关系人民福祉、关乎民族未来的长远大计。生态文明的提出，顺应了时代发展的要求。生态文明是我们党的重大理论创新成果，是对人类文明发展理论的丰富和完善，是对人与自然和谐发展理论的提升。这既反映了党和政府对发展与环境关系认识的不断深化，也体现了走可持续发展道路，实现人与自然和谐的坚定信念。

我们党提出建设生态文明，顺应当代社会三大转变：人类文明形式由工业文明向生态文明的转变，世界经济形态由资源经济向知识经济的转变，社会发展道路由非持续发展向可持续发展的转变，这是对马克思主义生态文明观的继承和发展。加强生态文明建设是解决全面建成小康社会面临的资源约束和环境压力、保证国民经济健康发展、大力推进生态文明建设的重大举措，应积极树立生态文明、以人为本的理念，努力践行适度消费、资源节约的生活方式。

（一）积极树立生态文明、以人为本的理念

近年来，因环境污染损害群众财产和健康而引发的群体性事件逐渐成为影响社会稳定的突出问题。面对全面建成小康社会的目标和资源约束趋紧、环境污染严重、生态系统退化的严峻形势，全社会要深刻理解全面促进资源节约、建设生态文明，是关系人民福祉、关乎民族未来的长远大计。要牢固树立以人为本的科学发展观，尊重自然、顺应自然、保护自然的生态文明理念，把生态文明建设融入经济建设、政治建设、文化建设、社会建设各方面和全过程。把发展生产、繁荣经济和生态环境保护、资源节约有机统一起来，既要立足当代，又要放眼未来，推动社会走可持续发展之路。

（二）努力践行适度消费、资源节约的生活方式

提倡适度消费，要求个人的消费水平应该与个人的收入水平相一致，要按照从低到高的层次安排消费结构，较低层次消费需求得到满足后再满足较高层次的消费需求。社会管理部门要从宏观上保持经济增长与消费增长同步，保持社会总供给与社会总需求平衡。加强宣传教育，大力提倡可持续的、绿色的生活理念，将绿色生活理念作为一种现代生活方式，融入人们日常生活的方方面面，使人们做到：节能减排，低碳出行；省电节电，珍惜能源；珍惜粮食，绿色饮食；按需定量，理性消费；惜水节水，循环利用；低耗高效，无纸办公；提倡有机，减少污染；勤俭节约，拒绝奢侈；植树种花，美化生活。

总之，建设生态文明是科学发展观和发展中国特色社会主义的重要内涵，有利于实现人与自然的和谐发展。建设生态文明，必须遵循自然生态规律，在人与自然和谐相处、共生共繁、协调发展过程中实现经济增长与发展，积极构建和谐社会。

4

生态文明：迈向幸福生活的崭新一页

幸福生活到底应该是什么样子？不同的人会有不同的理解，但是物质生活的充裕、精神生活的富足和生态环境的优美等必然内涵于人们所追求的幸福生活之中。生活环境的好坏是衡量幸福生活的一项硬指标。早在 2005 年，党的十六届五中全会明确提出了要加快建设资源节约型、环境友好型社会，此后的十七大、十七届四中全会、十七届五中全会上都提出了建设生态文明的要求。十八大更是把生态文明建设提高到经济建设、政治建设、文化建设、社会建设的基础地位，表明了党和国家充分地认识到良好的生态环境是幸福生活的必要条件，凸显了党和国家对当代中国人和子孙后代的现实关照及长期责任，为全体中国人迈向幸福生活翻开了崭新的一页。

文明既是指人类所创造的物质财富和精神财富的总和，也是指社会发展到较高阶段表现出来的状态。生态文明是以尊重和维护自然为前提，以人与人、人与自然、人与社会和谐为宗旨，以建立可持续的生产方式和消费方式为内涵的一种文明形态。它要求全社会都要有一个观念、制度、行为的转变，没有个人、企业、政府等各个层面的理解、参与和支持，生态文明建设就难以获得进展。当然，生态文明以其内在的价值、展示的目标、描绘的愿景可以达到引导人、团结人、驱动人为之奋斗的目的。

一、生态文明为人们指明了"美丽中国"的目标

十八大报告指出："把生态文明建设放在突出地位，融入经济建设、政治建设、文化建设、社会建设各方面和全过程，努力建设美丽中国，实

现中华民族永续发展。"建设美丽中国正是开启人民福祉的一条道路。改革开放初期，人们追求的是摆脱贫困，解决温饱问题。经过了三十多年的快速发展，人们的物质生活水平有了大幅度提高，但付出了环境污染严重、生态系统退化的代价，尽管 GDP 在不断增长，人们却没有感觉到更幸福、更开心。原因很简单，在基本需求得到满足以后，物质舒适程度的增加与人们幸福感的关联已经很小了。相比之下，森林覆盖率、饮水质量、空气质量等却成为人们最为关心的问题，反映了人民群众对生态的迫切诉求。

天蓝、地绿、水净是十八大报告对美丽中国的具体要求，天蓝不仅是对天空颜色的简单描述，而是对空气质量状况评价的一种通俗说法。人们要求空气的质量达标，空气中的微小颗粒物不足以影响到人们的身体健康，能够呼吸着新鲜的空气。地绿就是要让中国的大地披上绿装，要提高中国的森林覆盖率，要增加城市内、城郊、乡村的绿化面积。在城乡环境的综合治理中，以青山绿地工程为载体，从一草一木的种植，到公园、小游园、小广场的建设，使人们生活在开门见绿、开窗透绿的风景中，享受于绿色的环绕氛围中。绿色给予人们以绿色享受、绿色福利、绿色幸福，它不仅改善着城乡的生态状况和生态安全，也改变着人类的生活方式和服务方式。水净就是指水中不含有害人体健康的物理性、化学性和生物性污染，水净不仅应该是对饮用水的直观感觉，而且也应该是对各种水体、水质评价的重要标准。如果达到了天蓝、地绿、水净的目标，那么幸福生活的一个主要方面就已经实现。

二、生态文明为人们指明了实现目标的手段

如何才能建设美丽中国？首先，要确立生态文明的理念。十八大报告中强调：必须树立尊重自然、顺应自然、保护自然的生态文明理念，把生态文明建设放在突出地位，融入经济建设、政治建设、文化建设、社会建设各方面和全过程，努力建设美丽中国，实现中华民族永续发展。尊重自然、顺应自然、保护自然是生态文明所倡导的对待自然的态度。建设生态文明应首先认识、理解和树立先进的生态文明理念，有了科学的理念，就有了行动的指南；思想问题解决了，行动就会水到渠成。尊重自然、顺应自然和保护自然的理念是对人类自然观念的总结和发展，是符合当下生态

文明建设实践的最科学、最先进、最合理的论述和表达。

其次，要建立各种保障生态文明建设的制度。十八大报告指出："保护生态环境必须依靠制度。要把资源消耗、环境损害、生态效益纳入经济社会发展评价体系，建立体现生态文明要求的目标体系、考核办法、奖惩机制。"生态文明制度建设是生态文明建设的根本保障，是生态文明建设的基石，它为生态文明建设提供了方向、标准、行为规范和监督、约束力量。没有制度建设的制定、执行和完善，就没有生态文明建设实践的开始、发展和完成。

最后，要依靠创新不断提高生态文明建设水平。无论是理论创新、科技创新还是实践创新，都是我们打破僵局、奋勇前行的动力来源。观念的转变、制度的改革、行动的落实同样需要依靠创新来不断推动。为了避免懈怠，避免陷入短期效益的满足而忘掉可持续的发展，我们必须通过创新才能打破思考的疆界、破除行动的障碍。生态文明是一个宏伟的布局，要实现它，就需要有足够的洞察力、无畏的信心、一往无前的勇气和排除万难的努力，而所有一切的基础就是创新，唯有创新，才是真正可以依赖的力量。

三、实现幸福生活归根到底需要人们的共同努力

对于个人而言，首先要有一颗热爱自然之心。自然是人及一切生物的摇篮，是人类赖以生存和发展的基本条件。热爱自然才能热爱自然的万事万物，才能与自然产生共鸣。正如《周易·条辞传》中所说："天地之大德曰生"，意思就是天地之间最伟大的道德是爱护生命，万事万物皆有生命，都应该受到尊重。热爱自然就是符合生态文明的一种终极的道德态度，是一种基本的伦理原则，这种道德必须在日常生活的实践中通过一系列相应的规范和准则表现出来。其次，要形成广为传播的言论。不仅要把生态文明的理念扎根于自己的心中，而且要用自己力所能及的行动去宣传、去传播、去倡导这个理念。由于受各种固有的、习惯性的观念影响，人们还会对生态文明持有怀疑、抵触或置之不理的态度，公众媒体的宣传无法到达的地方，人际间的口耳传播、相互影响则会达到更为直接的效果。所以，个人要通过自己的声音来传递生态文明理念，普及生态文明知识。最后，要有一种表里如一的行动。幸福生活不是嘴上说说就能实现

的，生态文明也不是喊喊口号就会实现的。每一个人都要通过自己的行动去做、去实践，把生态文明的理念、热爱自然的心贯穿于自己的行动中。在日常生活中，要爱护公园的花草树木，不要攀折树木、践踏草坪；要保护环境卫生，不要随手乱扔垃圾，不要随地乱吐痰；要珍惜资源，不要浪费粮食，要节约水、电等资源，要乘坐公共交通工具等等。养成自觉的、良好的习惯之后，行动将成为自然而然的事情，生态文明就有了坚实的群众基础。

对企业来说，其根本目的应该是为了人们的幸福生活，尽管利益主体不同，但目标应是一致的。然而，许多企业看到的只是眼前利益，无视未来的长期利益，只看到经济利益，而没看到社会效益。在不同的利益相关者之间形成共同的想法和行动，虽然还有一段过程和时间，但是现在已经开启了一个新的起点，企业不是为了别人而要去节约、回收、减排、提高能效，而是为了自己的社会责任、为了文明水平的提高、为了未来做好准备。生态文明建设的启动，将使越来越多的企业认识到社会、环境等议题是与企业的生产相互关联的，对整体责任感的提升将使企业主动地降低能耗、减少污染排放、循环利用。投入时间和精力的行动必然能够赢得回报，不仅有利于企业的长期发展，而且会带来整个生态系统的改变。企业是生态文明建设的主力军，它们必须积极投身于生态文明建设活动中，才能赢得良好的外部环境支持。

对政府来说，创造全民的幸福而不是创造少部分人的幸福，是它得以长久存在和普遍认同的根本条件。政府首先要为推动生态文明理念的传播作出细致的安排、周密的部署。充分利用报纸、电视、广播、网络等媒体的大力宣传，使公众能够轻易地获得必要的信息，加深对环保科普知识的理解，强化对生态危机的产生、发展、演变规律的认识，加强对生态文明的必要性及迫切性的了解，加强对人与自然和谐的了解和对自身的行为责任的了解等等。要通过教育、文化、道德等方式引导人们树立生态文明理念。人们只有在宣传和活动中才能受到教育，才能培养节约、环保、生态的理念，因此，要构筑一整套的、覆盖全体公众的、立体的网络来影响人们的行为，创造一种变革的氛围。其次，要制定一个能够为各级政府、部门、团体和个人共同接受、共同遵守的合理制度。一旦确立了某种制度，就必须依靠各种措施来保证它的实施，成为普遍的行动准则和标准。最后，政府还要为制度的执行充当"把关人"的角色。通过多种手段和形式对生态文明建设进行检查，了解制度落实的情况，及时与有关部门进行沟通，纠正建设中存在的问题，避免建设中的偏差，解决和处理建设中违反制度的各种情况。科学、合理、正确的生态文明制度的贯彻落实和遵守执行是生态文明建设的根本保证。

　　生态文明能够开启一个幸福生活的新时代，但是，这个新时代是需要我们所有人通过共同的努力才能达到的。目前人类正处在一个十字路口，继续沿着工业化的道路肯定是一条不归路，我们必须通过新思考作出新选择。既然我们选择了生态文明之路，那么就让我们大家共同参与到这个伟大的事业中。每一个人的未来都掌握在自己手里，人类的未来是建立在共同的承诺和行动上的。生态文明只是看到了一个幸福的可能性，如果不朝着这个方向努力，它也不会变为现实。所以，更重要的是我们的行动，是我们为生态文明、为我们的幸福生活而积极行动起来，去把生态文明观念变为主流思想，去把行动汇聚到生态文明建设的事业中，形成一股强大的力量推动绿色变革的最终实现。

5

生态文明：卓越时代价值的完美展现[*]

21 世纪是生态文明的世纪，中国特色生态文明理论具有鲜明的时代价值。

马克思曾说，"任何真正的哲学都是自己时代精神的精华"，"是文明的活的灵魂"。^① 因此，哲学不仅反映时代精神，而且把自身所处时代的思想表现出来。任何哲学既立足于它所处的时代，又有可能超越自己所处的时代。发展马克思主义，就是要与时代精神相适应，把马克思主义经典理论与中国发展实践相结合。我党提出的生态文明理论是体现新时代精神的马克思主义中国化的最新成果之一。

生态文明，是随着人类文明发展而展现出并为人类所认识的一种新的文明形式，它将使人类社会形态及文明发展理念、道路和模式发生根本转变。"生态文明理论涵盖了全部人与人的社会关系和人与自然的关系，涵盖了社会和谐和人与自然和谐的全部内容，是实现人类社会可持续发展所必然要求的社会进步状态"^②。

一、生态文明理论是对西方近现代"人化自然"思想的纠正和生态社会主义合理思想的吸取

自文艺复兴以来，西方从上帝的阴影中摆脱出来，重新发现了"人"

---

[*] 本文部分内容原载中国特色社会主义研究［J］. 2012（4）. 原名为：论生态文明理论的时代价值。

① 马克思恩格斯全集：第 1 卷［M］. 北京：人民出版社，1956：121.

② 王世谊. 论生态文明建设的重大时代意义［J］. 当代世界与社会主义，2009（4）.

的自身价值，以"人"为观察中心，"统一的自然世界就被划分为两个具有不同性质的部分：人作为世界的主体，是宇宙的最高存在，是自由的存在，是'万物的尺度'；而外部自然世界则成为客体，成为满足主体需要的对象，成为人的'为我之物'，它只有依赖于主体（人）才能获得存在的理由和价值"①。自然不再是原初意义上的自然，而成为人类理念的产物以及人的本质力量对象化的产物，这导致了人与自然关系的变化，人不仅不再遵循自然的规律而生活，而且还发出征服自然的宏愿，自然在人类的实践中变为"人化自然"。这种经过人类改造的自然呈现出了人的文化、欲望和目的，进而与原始自然大相径庭，自然不是被净化了，而是被扭曲了。

在"人化自然"思想的指导下，人类无限夸大人的主体性，而忽略自然的价值，其结果必然导致现代工业文明的危机：全球性的资源紧缺、环境恶化不断加剧、人的生存受到前所未有的挑战。生态文明理论的出现正是对西方近代"人化自然"思想的彻底纠正。

由于工业化社会和消费社会的蔓延，西方出现了绿色社会运动，在各种思潮中较具代表性的是生态社会主义，许多思想家、哲学家和学者开始认识到，人类与自然的关系不应仅仅是征服与被征服的对立关系，而应是和谐共存的关系。生态社会主义者通过对"现代性危机"的探讨，不仅在理论上而且在实践中把马克思主义与当代全球性问题结合起来，给人类社会的未来发展指明了一个新的方向，提供了一种新的选择。生态文明理论在辩证地吸收了西方生态社会主义理论的合理思想的同时，充分地认识到当代存在的问题，体现了鲜明的时代特色。

二、生态文明理论与马克思主义"尊重自然规律和保护生态环境的思想"一脉相承

马克思、恩格斯虽然没有明确使用过"生态文明"的概念，但是，在他们的人类社会发展理论中却包含着丰富的生态文明思想，蕴含着对自然的人文关怀。他们的思想既为生态文明理论的形成提供了历史观基础，

---

① 刘福森. 寻找时代的精神家园：兼论生态文明的哲学基础 [J]. 自然辩证法研究，2009（11）.

又为我们深刻地理解生态文明理论提供了相互验证的理论和思想资源。马克思指出，自然界是人与人联系的纽带，"社会是人同自然界的完成了的本质的统一，是自然界的真正复活，是人的实现了的自然主义和自然界的实现了的人道主义"①。马克思在这里通过考察人与自然界的关系，指出人作为一种普遍性的类存在，借助人的能动的实践活动，从而形成了自己对社会的总体认识。社会就是自然界逐步演化为"人的生存和生活的自然界"，即人化的自然的过程。马克思、恩格斯考察了人类与自然关系的历史，他们认为，"人类社会发展初期，形成了人对自然的崇拜和敬畏，在前资本主义社会，由于人类的生产目的是获取使用价值，人与自然基本上维持一种原始的共生关系。而在资本主义社会，生产的目的是追求剩余价值，所以造成生产的无限扩张以及人与自然关系的紧张"②。马克思、恩格斯在论证资本主义制度性危机时，曾从资本主义生态恶化的角度，揭示了资本主义制度的弊病，指出资本主义的社会危机与生态危机的因果关系，社会危机导致生态危机，异化劳动导致了人与自然的异化。他们对此深表忧虑，正是由于工业化带来了生态的持续被破坏和人类生存环境的恶化，从而为人类走可持续发展道路指明了方向。

单纯的人类中心主义和生态中心主义都无助于解决当前人类所面临的生存危机，都不能解决人与自然的矛盾和存在的问题，因此，生态文明应运而生。生态文明在强调以人为本的同时，也反对极端人类中心主义与极端生态中心主义，它强调人与自然的整体和谐共生，以最终实现人与自然的双赢式的协调发展。

生态文明理论以辩证的世界观看待人与自然的关系。揭示了自然价值与人类价值的一致性，只有珍视自然的价值，人类才能实现其自身价值。生态文明提出的实现人与自然和谐相处，走人与自然和谐发展之路的观点是对马克思主义自然观、社会观的具体化和深化，反映了在当今世界生态恶化的现实面前，人类对这个问题有了更为清醒的认识，生存危机的压力也迫使人类必须抓紧解决这个问题。

---

① 马克思恩格斯全集：第 42 卷［M］．北京：人民出版社，1979：122．
② 黄海东．谈建设生态文明的内涵与意义［J］．商业时代，2009（1）．

三、生态文明理论深化了人类对社会主义基本价值、社会主义本质的认识，使中国特色社会主义理论体系更加丰富、全面和深入

生态文明理论认为"人是价值的中心，但不是自然的主宰，人的全面发展必须促进人与自然的和谐"①。真正的和谐社会应充分认识到人与自然和谐是一切和谐的根本之基，应注重生态价值，用生态和谐促进社会和谐，才有可能走向全面、长期和持久的和谐。同时，生态文明理论所秉持的可持续发展与公平、公正的多维价值取向，与中国特色社会主义的基本价值是一致的。因此，生态文明与物质文明、精神文明和政治文明构成了一个不可分割的整体，成为中国特色社会主义发展的基础理论之一。

邓小平拓展了我们对社会主义本质的认识，他认为社会主义的本质是通过解放和发展生产力，消灭剥削，消除两极分化，最终达到共同富裕。这是对人民群众在占有社会物质财富上的肯定，也是在财富分配问题上实现公平、公正的一大进步。中国共产党十七大首次提出生态文明的新理念，是继工业文明之后产生的更高程度的文明理念，是对科学发展、和谐发展理念的一次升华。生态文明是为了处理与调整好人与自然的关系，在更高的起点上达到人与自然的和谐，这也正是社会主义的本质内涵之一，体现了社会主义内涵的丰富性和完整性。社会主义的物质文明、政治文明和精神文明虽然是生态文明的前提和基础，但是生态文明又反作用于三个文明，有力地促进其他三个文明的发展。三个文明不能离开生态文明，没有良好的生态条件，人就不可能有高度的物质享受、政治享受和精神享受。生态安全如果无法保证，那么人类就会陷入严重的生存危机。社会主义决不能走资本主义工业文明模式，因为那已经被证明是一种错误的发展模式，只有超越工业文明模式，追求生态文明，才能有效应对生态环境的变化，达到既发展经济又保护环境的目的。一些地方的生态灾难，往往是只追求经济增长，忽视资源、能源和环境的保护，结果不但造成了巨大的

---

① 刘昀献．论科学发展观视野下的生态文明建设［J］．中国浦东干部学院学报，2010（4）．

直接经济损失，对长远的经济发展更造成难以弥补的不良影响。所以，生态文明不搞好，物质文明很难持续发展。这种相辅相成、不可分割、相互促进的关系使四个文明构成了一个整体，也表明了中国特色社会主义在发展目标、发展战略和发展途径上有了更加清晰的认识，标志着社会主义理论有了进一步的发展。

结语

中国绿色崛起，引领
世界未来

中国绿色崛起，引领世界未来

　　"'顺自然生态规律者兴，逆自然生态规律者亡'，这是人类社会发展实践所证明了的一条基本法则"①。无数的事实告诫人们：人类的经济社会活动不能逾越自然生态的承载，否则会受到大自然的无情报复，在人类文明长河中，一些古老文明国家和地区的消亡、衰落，其共同的根源是过度砍伐森林、过度放牧、过度垦荒和盲目灌溉等，导致土地生产力衰竭，它所支持的文明也随之衰落、消亡，譬如古埃及文明、古巴比伦文明、古地中海文明和印度恒河文明、美洲玛雅文明以及我国黄河文明的衰落，都与自然生态系统的破坏有着直接或间接的关系。

　　"西方发达国家既是工业文明的先行者，又是最大的环境破坏者"②。工业革命对于人类财富的积累是一次巨大的进步，但对于人类的生存环境却是一次灾难。英国于 19 世纪 60 年代，美国、法国于 20 世纪初期，德国于 20 世纪 30 年代，苏联和日本于 20 世纪 70 年代，先后完成了传统工业化，又都经历了资源高消耗、环境高污染的过程。自 20 世纪初期开始，工业化国家环境重污染的"公害事件"层出不穷。特别是轰动一时的"世界八大公害事件"，向全球敲响了危害千百万公众生命与健康的生存危机警钟。

　　最早享受工业文明成果的资本主义发达国家，在尝到了工业化带来的环境污染的恶果之后，也对资本主义的经济增长方式进行过深刻地反思，

---

　　① 姜春云. 生态文明是人类一切文明的基础：在第二届中国（海南）生态文明论坛开幕式上致辞 ［A］//张庆良. 永远的红树林. 海口：南方出版社，2005：3.

　　② 姜春云. 跨入生态文明新时代：关于生态文明建设若干问题的探讨 ［J］. 求是，2008（21）.

也在环境保护方面取得了令人瞩目的成就。但从整体上看，资本主义工业化国家并没有因为他们那里率先爆发过生态危机而提出"生态文明"的新理念。这是因为，一方面，发达的资本主义工业大国，靠大量的资金、技术在一定程度上缓解了生态环境问题；另一方面，西方资本主义工业大国采取"生态殖民主义"、"生态帝国主义"的环境策略，转移了国内的生态危机。他们通过资本全球化悄悄地进行资源掠夺和环境剥削，把发展中国家视为自然资源的原料地和污染物的排放地，不断向落后的国家和地区转移工业产品的生态成本，让发展中国家为他们的资源环境"埋单"，导致全球范围内的环境污染。资本主义制度无限追求利润的生产方式和"不消费，就衰退"的消费观，决定了它不可能实现真正意义上的生态文明。

建设生态文明是全球所有国家和地区共同的事业，在中国建设生态文明具有特别重大的现实意义和深远的战略意义。建设生态文明既是我党顺应世界发展潮流，为人类文明发展作出的贡献，也是我国全面建设小康社会和现代化建设的内在要求，更是中国作为一个负责任的社会主义大国在国际社会应有的姿态的展现。

在走向现代化的道路上，中国面临着许多不容忽视的长期性制约因素，尤其是中国人口众多、资源相对紧缺、优质能源匮乏、生态环境脆弱，这一基本国情在相当长的时期内还无法改变。按照传统的环境发展的库茨涅茨曲线，传统的发展路径是：随着人均 GDP 水平逐步提高，碳排放量首先是逐渐上升并达到最高峰，然后在人均 GDP 达到最高值后，碳排放才能下降。有专家预测，按照这一路径走下去，中国碳排放要到 2035 年前后才能达到最高峰。无论是从中国的自身国家核心利益，还是从人类的整体长远根本利益出发，中国都难以这样走下去。更何况中国已经在哥本哈根气候大会上作出庄严承诺：到 2020 年中国单位国内生产总值二氧化碳排放比 2005 年下降 40% ~45%。

要实现中国的承诺，为世界减排作出贡献，中国必须跳出发达国家"先污染后治理"、"边污染边治理"的"怪圈"，走出一条具有中国特色的创新之路，即中国要在人均 GDP 相对较低的时候就达到高峰点（这个高峰值远远低于库茨涅茨曲线的高峰值），之后二氧化碳排放随着 GDP 增加而逐渐降低。这样的路线，累计的二氧化碳排放量明显少于传统路线。如果中国通过努力成功了，那将是人类历史上第一次打破"先污染，后治理"工业化不可逾越的"铁定律"！那也将是世界历史上第一次绿色崛起的成功！中国的绿色崛起必将为发展中国家的绿色发展提供可以借鉴的成功经验。

中国先哲庄子说，判天地之美，析万物之理。天地有全然的美妙，却不发一言；四时有明显的规律，却不必商议；万物有既定的道理，却不加说明。而我们人类要做的是什么呢？就是要存想天地的美妙，而通达万物的道理。

生态文明建设是一场人类历史上空前的绿色革命，是生产方式和生活方式深刻的变革，也是中国伟大的绿色创举。相信勤劳智慧的中国人民会在这次伟大的变革中作出卓越的贡献，实现绿色崛起。绿色崛起需要从国家到地方、再到个人的全方位的绿色创新，国家是全社会绿色创新的引领者，地方是绿色创新的实践者，企业是绿色创新的主体，人民是绿色创新的强大动力。

实现绿色崛起，建设“绿色中国”，是伟大的中国梦的重要组成部分。我们相信，在以习近平为总书记的新一届党中央的正确领导下，全体中国人民一起行动起来，共同创新，一个和谐美丽、繁荣强大的“绿色中国”一定会屹立于世界的东方！中华民族伟大复兴的中国梦一定会实现！

江宁美丽乡村

主要参考文献

［1］马克思恩格斯选集：第 1～4 卷 ［M］.北京：人民出版社，2001.

［2］马克思恩格斯全集：第 42 卷 ［M］.北京：人民出版社，1972.

［3］邓小平文选：第 2 卷 ［M］.北京：人民出版社，1993.

［4］胡锦涛.坚定不移沿着中国特色社会主义道路前进，为全面建成小康社会而奋斗 ［M］.北京：人民出版社，2012.

［5］习近平提三个共同享有：实现中国梦须凝聚中国力量 ［DB/OL］.中国新闻网，2013 － 03 － 17 ［2013 － 03 － 18］. http：//www. chinanews. com/gn/2013/03-17/4650056. shtml.

［6］姜春云.偿还生态欠债：人与自然和谐探索 ［M］.北京：新华出版社，2007.

［7］姜春云.拯救地球生物圈：论人类文明转型 ［M］.北京：新华出版社，2012.

［8］潘岳.绿色中国文集：1～3 册 ［M］.北京：中国环境科学出版社，2006.

［9］贾治邦.生态建设与改革发展：2009 林业重大问题调查研究报告 ［M］.北京：中国林业出版社，2010.

［10］国家林业局.中国的绿色增长：党的十六大以来中国林业的发展 ［M］.北京：中国林业出版社，2012.

［11］牛文元.中国新型城市化报告 2011 ［M］.北京：科学出版社，2011.

［12］齐晔.中国低碳发展报告 （2013）：政策执行与制度创新 ［M］.北京：社会科学文献出版社，2013.

［13］薛晓源，李惠斌.生态文明研究前沿报告 ［C］.上海：华东师范大学出版社，2007.

［14］王雨辰.走进生态文明 ［M］.武汉：湖北人民出版社，2011.

［15］余谋昌.生态文明论［M］.北京：中央编译出版社，2010.

［16］张智光，等.绿色中国：理论、战略与应用［M］.北京：中国环境科学出版社，2010.

［17］张文台.生态文明建设论：领导干部需要把握的十个基本体系［M］.北京：中共中央党校出版社，2010.

［18］赵建军.党政干部环境保护知识读本［M］.北京：中国环境科学出版社，2011.

［19］赵建军.全球视野中的绿色发展与创新：中国未来可持续发展模式探寻［M］.北京：人民出版社，2013.

［20］理查德·瑞吉斯特.生态城市：重建与自然平衡的城市（修订版）［M］.王如松，于占杰，译.北京：社会科学文献出版社，2010.

［21］吉登斯.气候变化的政治［M］.曹荣湘，译.北京：社会科学文献出版社，2009.

索　引

一、知识链接

二、延伸阅读

后 记

我出生在新疆石河子下野地炮台镇（兵团农八师 121 团所在地）。炮台镇坐落在新疆北部古尔通古特沙漠（中国第二大沙漠，又是中国最大的固定、半固定沙漠）南缘。我儿时（20 世纪 60 年代）记忆最深的一件事情是：每年一到深秋，连队就组织青壮劳力去沙漠深处砍伐梭梭柴分给连队职工，那可是过冬取暖做饭的最佳柴木。在我很小的时候，人们只要走到沙漠深处 10 公里左右就可以砍到大片的梭梭柴。但是，到了 20 世纪 60 年代末，人们就要跑到沙漠深处 30 公里以外的地方，才能找到梭梭柴。到了 20 世纪 70 年代初，在我们生活的周边，几乎找不到可砍伐的梭梭柴了。现在回想，那时人们的行为是多么的愚蠢，梭梭柴是新疆沙漠固沙最好的植物之一，梭梭柴没了，流动沙丘开始肆虐。其结果就是沙进人退，人们只能经常搬家，最后不得不整个连队搬迁。

1985 年，我在东北大学（原东北工学院）读科技哲学专业硕士研究生时，就开始关注可持续发展问题，思考技术发展在人与自然关系中所扮演的角色，二十余年来一直在探讨可持续发展及生态文明等相关领域的问题。我的硕士论文、博士论文以及先后主持的四项国家社科基金项目都集中在这个领域。作为一名学者，我对中国当下的生态环境问题感到深切的忧虑，也对党和政府把生态文明建设作为国家战略写入党的文献感到由衷的欣慰，更对建设美丽中国充满期盼。

党的十八大关于生态文明建设的论述，内涵丰富、寓意深刻。特别是把生态文明建设与经济建设、政治建设、文化建设、社会建设并列，作为全面建成小康社会"五位一体"的总体布局，对实现中国绿色崛起，引领世界发展潮流具有战略意义。如何让广大干部群众对党的这一重大方略有一个清晰的、系统的认识，把自己的学习体会、尤其是多年来在这个领域的思考和感悟与读者分享，遂萌生了出版此书的念头。知识产权出版社雷春丽编辑设计了书的架构，我的研究团队成员（张雅静、卢艳玲、郝栋、杨发庭、吴保来、杨琨、丁太顺等）做了大量资料收集、框架论证和改写工作。文中收录的多数文章都是近些年来我公开发表的论文、讲稿，以及十八大召开之后的访谈、约稿。有的是我独立完成的，有的是我和研究团队成员共同完成的。这本书是集体智慧的结晶，感谢我的团队成员。

这里我要特别感谢原中共中央政治局委员、国务院原副总理、全国人大常委会原副委员长姜春云同志，他从领导岗位上退下来之后倾注所有心血和精力探讨生态文明领域问题并取得丰硕成果，他组织编写的《中国生态演变与治理方略》、《偿还生态欠债——人与自然和谐探索》、《拯救地球生物圈——论人类文明转型》等大作我先后都认真拜读过，非常受启发。他的许多观点和见解都吸纳到了我的这本书中。当我请他为本书写序时，他不顾年事已高，不仅读完书稿，还提出许多宝贵意见，并亲自提笔作序。他深邃的见解、严谨的学风令我这个学界晚辈敬佩不已，他作序的草稿作为最珍贵的礼物我将永远珍藏。

感谢国家林业局赵树丛局长为本书作序。认识赵局长是在2012年举行的国家林业局专家咨询委员会会议上。他作为新上任的局长，不仅平易近人，而且特别尊重专家，虚心听取专家对林业发展的建议。长期研究生态文明，我对林业现状和未来发展高度关注，提出了"树立21世纪大林业观"的概念，在2013年1月专家咨询委员会会议上得到赵局长的首肯，并作为决策内参于2013年两会前上报国务院。

感谢国家环境保护部潘岳副部长为本书写序。2006年掀起的"环评风暴"让我对这位年轻部长的勇气和胆略赞赏不已。他在中共中央党校学习时，我和他一起探讨中国的环境问题及发展对策。他先后发表的文章，特别是对生态文明与社会主义关系的论述，让我颇受启发。

感谢第十一届全国人大环境与资源保护委员会副主任委员、解放军总后勤部原政委张文台，感谢杜祥琬院士，感谢尹伟伦院士，感谢国务院参事、第十届全国人大环境与资源保护委员会副主任委员冯之浚，感谢国务院参事、科技部原副部长刘燕华，感谢中国生态文明研究与促进会常务副会长、原国家环境保护总局副局长祝光耀对本书的点评。

感谢中共中央党校信息中心副主任谭荣邦，国家环境保护部环境政策研究中心主任夏光，国家林业局科技司司长彭有冬对本书写作的大力支持；感谢郑承博、李军鹏、吕文清、曹旭、曹洪等为本书编辑出版做的大量工作；感谢中央党校科研部、哲学教研部领导、同事所给予的支持和帮助。

本书在思考写作中参考和吸取了专家和学者的许多思想观点，文中可能难以全部注明，在此一并表示感谢。

本书的出版得到了广大干部、群众、大学生和企业家的青睐，第一版10000册出版不到半年就销售一空。应读者之需，第二版在内容和版式上做了调整，更适合阅读和理解。

中国古代庄子在描绘人与自然和谐的思想境界时指出，"天地与我并生，而万物与我为一"，只有懂得存想天地的美妙，方能通达知悉万物的道理。尽管我们每个人心中都存有自己的梦想，而实现人与自然和谐，建立天蓝、地绿、水净的美丽家园，依然是当下我们华夏儿女共同的追求和梦想，这是需要我们几代人坚持不懈、共同奋斗才能圆的梦想。在本书付梓出版之时，我感慨万千，希望本书能为建设美丽中国圆梦之人带来点启迪和思考，倘若如愿，那将是我最欣慰的事情。

因本人水平有限，加之书中各篇成文时间跨度大，书中难免有很多纰漏，肯请读者批评指正！

2014 年 4 月 30 日